正在发菌的香菇段木

沪农1号菌种

烘烤的段木香菇

菇场外景

1

出口小包装鲜香菇

香菇生长状态（全景及特写）

以台湾方式生
产的香菇菌包

2

锤片式
粉碎机

锤片式
粉碎机

WJ—70 拌料机

SAC1型装瓶(袋)机

简易棚培养室竹结构床架

3

简易小圆拱型棚群

卧式移动蒸气发生炉

菇房拔风筒

圆拱型大棚群

4

# 食用菌周年生产技术

## （修订版）

杨瑞长　编著

本书被评为'97 全国农
村青年最喜爱的科普读物

金盾出版社

# 内 容 提 要

本书由上海市农科院食用菌研究所杨瑞长研究员修订。本书自1995 年问世以来，印刷 6 次，发行近 10 万册，深受读者欢迎。编著者根据食用菌栽培业的发展，对本书作了修改和补充，保留了食用菌周年生产与人民生活的关系、与农业气候资源的利用，食用菌生产的基本设施与设备、制种技术和菌种保藏，食用菌周年生产实例等内容，增添了新品种介绍、无公害栽培技术及病虫害防治等内容。本书文字通俗易懂，内容实用、可操作性强，适合食用菌生产专业户、生产场，农业技术人员及农业院校相关专业师生阅读参考。

**图书在版编目(CIP)数据**

食用菌周年生产技术/杨瑞长编著.—修订版.—北京:金盾出版社,2005.11

ISBN 978-7-5082-3787-9

Ⅰ.食… Ⅱ.杨… Ⅲ.食用菌类-蔬菜园艺 Ⅳ.S646

中国版本图书馆 CIP 数据核字(2005)第 107447 号

**金盾出版社出版、总发行**
北京太平路 5 号(地铁万寿路站往南)
邮政编码:100036 电话:68214039 83219215
传真:68276683 网址:www.jdcbs.cn
彩色印刷:北京蓝迪彩印有限公司
黑白印刷:双峰印刷装订有限公司
装订:双峰印刷装订有限公司
各地新华书店经销
开本:787×1092 1/32 印张:6.625 彩页:4 字数:146 千字
2011 年 6 月修订版第 10 次印刷
印数:126001—132000 册 定价:13.00 元

# 修订版前言

《食用菌周年生产技术》一书问世已 10 年,印刷 6 次,发行近 10 万册,深受广大读者特别是菇农的欢迎。本书被评为"'97 全国农村青年最喜爱的科普读物"。

10 年来,食用菌的生产又有了大幅度的发展,科研工作和国际贸易方面开创出了新的局面,令人振奋。据有关部门统计,1978 年是我国食用菌复兴起步年,食用菌总产量为 6 万吨,1986 年增至 58.6 万吨,1990 年突破 100 万吨,1996 年又增至 350 万吨,1999 年高达 523 万吨。2002 年总产又攀高至 870 万吨,占世界总产量的 65%。2003 年食用菌产品出口量为 43.32 万吨,出口值 6.22 亿美元。与此同时,还推广了一批新品种,如白灵菇、鸡腿菇、杏鲍菇、袖珍菇、白色金针菇等,都已面市。在上海的市场上,几乎一年四季均可买到鲜菇。十分可喜的是,近十年来,随着工厂化、机械化和智能化生产股份制公司,如上海天厨菇业股份有限公司、奉科食用菌股份有限公司和山东九发食用菌股份有限公司等单位的建立,形成了更理想、更优化、更完善的周年生产技术体系和管理机构。这一现代化生产体系,不仅年复种指数高,且产品质量好,效益高。

当前,我国食用菌的生产方式大体有 3 种:一是千家万户个体自行生产,二是菇业组合生产,三是现代化工厂化生产。其中千家万户生产类型,仍是我国今后一段时间内的主要生产方式,因为它是农民增收的重要项目之一;菇业组合类型还刚萌芽,它可以形成 产、供、销一条龙,是一个有发展前途的生产方式;现代化、工厂化类型,投资大,生产量大,需要相应市场匹配,因此,只适合经济发达地区和大城市郊区。

为了适应3种生产类型并存发展,本书修订中基本保留了原版菇农各种生产实例,增添了病虫害安全防治,新品种介绍,现代化、工厂化生产技术,产后技术。为使菇农树立产品安全观念,本书还增补了食用菌无公害栽培篇。书中原有个别栽培实例,经菇农多年的实践,由于其可操作性不强,推广面不大,均以新经验、新成果替换。

本书在修订过程中,除在每个栽培实例中注入了笔者的成果和经验外,还引用了大量相关文献。新增的现代化、工厂化生产技术,由上海奉科食用菌股份有限公司高君辉副总经理撰写。为此,对所有原文献作者、菇农致以衷心谢意。

由于社会和科学总是不断地与时俱进,新事物不断出现,加上本人水平有限,书中难免有不妥之处,敬请专家、菇农和读者批评指正。

编 著 者
2005 年 6 月

# 目　录

第一章　关于食用菌周年生产的前景……………………（1）

一、关于食用菌周年生产的发展趋势 ……………………（1）

（一）专家们的预测…………………………………………（1）

（二）食用菌发展面临的机遇……………………………（1）

（三）食用菌发展的趋向…………………………………（2）

二、食用菌周年生产的意义 ………………………………（3）

三、食用菌周年生产与人民生活关系密切 ……………（4）

（一）营养价值……………………………………………（4）

（二）保健价值……………………………………………（6）

第二章　食用菌的生态条件与农业气候资源利用 ……（10）

一、食用菌的生态条件……………………………………（10）

（一）水分 ………………………………………………（10）

（二）营养 ………………………………………………（12）

（三）温度 ………………………………………………（13）

（四）光照度 ……………………………………………（15）

（五）空气 ………………………………………………（16）

（六）pH 值 ……………………………………………（17）

（七）生物环境 …………………………………………（18）

二、农业气候资源利用……………………………………（19）

（一）林业气候资源的利用 ……………………………（19）

（二）气温的利用 ………………………………………（21）

（三）海拔高度的利用 …………………………………（23）

（四）地热和工厂余热的利用 …………………………（23）

（五）育秧温室的利用 …………………………………（23）

（六）塑料棚的利用 …………………………………… （25）

**第三章　食用菌生产的基本设施与设备** …………… （26）

一、生产场地的布局 …………………………………… （26）

二、接种设施与设备 …………………………………… （28）

（一）接种室及其设备 ………………………………… （28）

（二）培养室及其设备 ………………………………… （30）

（三）生产机械设备 …………………………………… （32）

（四）加温调湿设备 …………………………………… （37）

（五）消毒灭菌设备 …………………………………… （40）

（六）常用玻璃器皿和小器具 ………………………… （42）

三、栽培设施的种类及结构 …………………………… （44）

（一）砖、木、水泥结构菇房 ………………………… （45）

（二）塑料、金属、竹木、草帘结构菇房 …………… （47）

**第四章　食用菌生产的投资与经济效益** …………… （51）

一、生产设施与设备的投资 …………………………… （51）

二、降低生产成本的思考 ……………………………… （52）

（一）提高单位面积产量 ……………………………… （53）

（二）提高复种指数 …………………………………… （53）

（三）提高制种成品率 ………………………………… （53）

（四）提高劳动生产率 ………………………………… （54）

（五）提高废料综合利用率 …………………………… （54）

三、周年栽培计划的制定和增加经济效益的途径 …… （54）

（一）栽培计划的制定 ………………………………… （54）

（二）增加经济效益的途径 …………………………… （58）

**第五章　食用菌的制种技术和菌种保藏** …………… （68）

一、制种技术 …………………………………………… （68）

（一）菌种的类型及质检标准 ………………………… （68）

（二）菌种制作 ……………………………………（69）

二、菌种的分离及纯化 ……………………………（89）

　（一）菌种分离 …………………………………（89）

　（二）分离菌株的纯化 …………………………（95）

三、菌种保藏 ………………………………………（96）

　（一）继代保存法 ………………………………（97）

　（二）木粒麸皮保存法 …………………………（97）

　（三）矿物油保存法 ……………………………（98）

　（四）孢子滤纸保存法 …………………………（98）

第六章　食用菌周年生产实例 ……………………（99）

一、高海拔山区香菇周年生产技术之一 …………（99）

　（一）季节选择和菌株搭配 …………………（100）

　（二）配制优质的培养料 ……………………（100）

　（三）菇场的选择与搭建 ……………………（101）

　（四）发菌期的管理 …………………………（101）

　（五）脱袋转色 ………………………………（101）

　（六）出菇管理 ………………………………（102）

二、高海拔地区香菇周年生产技术之二 ………（103）

　（一）海拔高度的选择 ………………………（104）

　（二）菌株的选择 ……………………………（104）

　（三）出菇期与海拔的关系 …………………（104）

　（四）栽培管理技术要点 ……………………（106）

三、低海拔地区香菇周年出菇设施栽培 ………（108）

　（一）菇棚建造 ………………………………（108）

　（二）喷雾降温 ………………………………（108）

　（三）菌株选择 ………………………………（109）

　（四）培养基成分对高温期出菇的影响 ……（109）

（五）光照与温差对出菇的影响……………………（109）

四、室内人工气候下香菇周年生产…………………（110）

（一）菇房设备……………………………………（110）

（二）菌种制作……………………………………（110）

（三）菌块（菌砖）制作……………………………（110）

（四）出菇前的管理………………………………（111）

（五）出菇后的管理………………………………（111）

五、平菇周年生产技术之一…………………………（112）

（一）品种试验与温型划分………………………（112）

（二）周年生产的品种搭配和播种期……………（113）

（三）冬栽和夏栽的主要技术……………………（115）

六、平菇周年生产技术之二…………………………（115）

（一）生产程序……………………………………（116）

（二）栽培方法……………………………………（116）

七、平菇周年生产技术之三…………………………（118）

（一）品种配套，讲究菌种质量 …………………（118）

（二）采用发酵料，减少杂菌污染 ………………（118）

（三）分期播种，辅以相应栽培方法 ……………（119）

（四）适温发菌，培养良好菌丝 …………………（119）

（五）调节好温湿度，夺取高产 …………………（119）

八、平菇周年生产技术之四…………………………（120）

（一）菌种选择与熟料栽培………………………（120）

（二）高温季节的栽培管理技术…………………（121）

（三）低温季节的栽培管理技术…………………（121）

九、台湾金针菇周年栽培技术 ……………………（121）

（一）周年栽培技术………………………………（122）

（二）工艺流程……………………………………（123）

（三）主要设备……………………………………（124）

（四）金针菇的品质规格……………………………（124）

十、闽北气候条件下周年袋栽毛木耳 ……………（125）

（一）气候特点………………………………………（125）

（二）栽培时期………………………………………（126）

（三）袋栽技术………………………………………（127）

十一、地热温室周年栽培草菇 ……………………（128）

（一）供热系统………………………………………（129）

（二）温室结构………………………………………（129）

（三）畦的规格………………………………………（129）

（四）备料播种………………………………………（130）

（五）栽培管理………………………………………（130）

十二、食用菌室内周年生产模式 …………………（131）

（一）菇房的建造……………………………………（131）

（二）菇房的小气候与温期划分……………………（132）

（三）生产品种搭配及日期…………………………（133）

（四）栽培方式选择…………………………………（133）

（五）培养料配方原则………………………………（134）

（六）栽培管理技术要点……………………………（134）

十三、菇类周年生产供应配套技术 ………………（136）

（一）温度条件和温期划分…………………………（136）

（二）主要菇类周年生产模式………………………（137）

（三）菇类病虫害及其防治…………………………（138）

十四、多品种搭配周年生产技术 …………………（140）

（一）建立周年生产茬口模式………………………（141）

（二）筛选和确定食用菌周年生产的搭配品种……（143）

（三）食用菌周年生产的配套技术…………………（145）

十五、利用自然气温周年生产食用菌 ……………… (147)

 (一)第一间区 ……………………………………… (147)

 (二)第二间区 ……………………………………… (148)

 (三)第三间区 ……………………………………… (148)

 (四)第四间区 ……………………………………… (148)

 (五)第五间区 ……………………………………… (149)

十六、多菇周年生产 ……………………………………… (149)

 (一)生产程序 ……………………………………… (149)

 (二)栽培方法 ……………………………………… (150)

十七、香菇、竹荪组合周年生产技术 ……………… (152)

 (一)季节安排 ……………………………………… (152)

 (二)菌种(菌株)选择 …………………………… (152)

 (三)栽培管理技术要点 …………………………… (153)

十八、菇耳 6 茬周年栽培技术 ……………………… (154)

 (一)利用藤蔓蔬菜形成荫凉生境 ……………… (154)

 (二)菇耳周年茬口安排 …………………………… (155)

 (三)栽培方式和方法 ……………………………… (155)

十九、利用育秧温室周年栽培食用菌 ……………… (156)

 (一)温室的建造 …………………………………… (156)

 (二)高温季节栽培草菇与高温平菇 …………… (157)

 (三)低温季节栽培平菇 …………………………… (158)

二十、香菇周年栽培品种选育 ……………………… (158)

 (一)鲜用香菇品种的形成 ……………………… (158)

 (二)鲜用香菇品种的育成 ……………………… (160)

 (三)鲜用香菇品种的出菇特性 ………………… (162)

 (四)香菇子实体发育的特性 …………………… (163)

 (五)鲜用香菇品种应具备的特性 ……………… (164)

（六）食用菌育种的研究……………………………（166）

二十一、塑料大棚全遮荫周年栽培食用菌………（167）

（一）大棚建造……………………………………（167）

（二）栽培技术……………………………………（167）

二十二、三菇配茬棚室周年栽培食用菌技术……（168）

（一）季节安排……………………………………（168）

（二）培养料制作和使用…………………………（169）

（三）菇棚或菇室灭菌灭虫………………………（169）

（四）接种发菌……………………………………（169）

（五）三种菇的管理………………………………（170）

二十三、果园套作食用菌周年生产技术…………（171）

（一）季节安排……………………………………（171）

（二）栽培技术……………………………………（172）

二十四、蟹味菇工厂化周年栽培技术……………（174）

（一）生产工艺……………………………………（175）

（二）技术要求……………………………………（176）

二十五、食用菌无公害栽培………………………（178）

（一）病虫害防治…………………………………（178）

（二）菇房或菇棚灭菌杀虫………………………（181）

（三）塑料棚和菇畦灭菌杀虫……………………（182）

（四）培养料处理…………………………………（182）

（五）覆土材料处理………………………………（183）

（六）使用水的处理………………………………（183）

二十六、食用菌病虫害安全防治法………………（183）

（一）药剂防治法…………………………………（183）

（二）药剂选择和使用原则………………………（184）

第七章　食用菌产后技术…………………………（185）

一、食用菌粗加工 ……………………………………（185）

（一）日晒法…………………………………………（185）

（二）烘烤法…………………………………………（185）

二、食用菌的腌制 ……………………………………（187）

（一）盐水蘑菇腌制…………………………………（187）

（二）盐水草菇腌制…………………………………（188）

（三）盐水滑菇腌制…………………………………（189）

三、食用菌保鲜技术 …………………………………（190）

（一）低温保鲜………………………………………（191）

（二）速冻保鲜………………………………………（191）

（三）气调保鲜………………………………………（192）

（四）负离子保鲜……………………………………（192）

（五）辐射保鲜………………………………………（193）

附　新菌种生物学特性介绍…………………………（194）

主要参考文献……………………………………………（195）

# 第一章 关于食用菌周年生产的前景

## 一、关于食用菌周年生产的发展趋势

### (一)专家们的预测

专家根据我国食用菌历年总产量增长幅度,预计 2005 年我国食用菌鲜品总产量将达到一个新的高度,出口创汇约 7 亿美元;2010 年食用菌将出口创汇近 8 亿美元;2015 年将出口创汇约 9 亿美元。

### (二)食用菌发展面临的机遇

21 世纪初是我国现代化建设三步战略目标的关键时期,人民的生活将提高到一个新的水平,这给食用菌产业提供了广阔的国内市场。近几年来,我国政府十分重视三农问题,把发展农业放在国民经济的重要位置上,采取多种途径增加对农业的投入,优化农业经济结构,推进农业产业化,完善农产品市场体系,确保农业经济的持续发展。使农民增收,食用菌产业占有重要位置。同时,由于我国已加入了 WTO,也为食用菌产业开辟了广阔的国际市场。由于国内外市场的消费者对食用菌产品的质和量要求更高,出口食用菌必须符合各进口国的卫生标准,要保证质量,就要开展食用菌的安全生产技术研究。这些都将促进食用菌市场的繁荣和科技的进步。

## (三)食用菌发展的趋向

### 1. 创中国品牌的栽培法

创质量品牌,就是要从栽培技术和经营管理上下功夫,全面保证食用菌产品重金属和农药残留不超标,符合质量标准,方可进入市场。要实现上述目的,就应选择不含重金属和农药残毒或含量很低的栽培原材料;使用对重金属(镉、铅等)有较强吸附力的材料(如花生壳粉碎物)处理水源,以改善水质,或使用未受污染的河水、井水、塘水、自来水等水源;取用无工业污染的土壤(最好是取用 15 厘米以下土层),经粉碎为一定大小颗粒加适量砻糠(即谷壳)拌和作为覆土材料使用;不可使用重金属含量超标的河、塘、湖内的淤泥作覆土材料;病虫害防治,多采用堆制发酵灭菌的培养料,或即便使用无残毒的农药,也不得在长菇期喷洒农药;要选择受欢迎的食用菌新品种。由于采用了相应的经营管理措施,达到这些要求,就是中国食用菌产品的品牌。

### 2. 拓宽深加工面

20 世纪 80 年代以来,食用菌的深加工技术得到很大的发展,有许多新产品面市,如多糖制品、片剂、针剂、胶囊,以及膨化、压缩食品等。现在看来,既要考虑附加值高的产品,也要考虑附加值虽低,但面广、量大的产品,如家常食品、功能食品的添加剂和调味剂,以及化装品滋润剂和营养剂等都有待研究开发。这些又为食用菌栽培业开拓了更广阔的市场,从而推动了食用菌栽培业的向前发展。

据世界卫生组织调查,全世界"亚健康"人群占 75%,其主要原因是免疫力低下。因此,食用菌保健食品应以这类人群为主体,重点研究开发老年食品和儿童食品。既助夕阳红,又促朝阳升。

## 二、食用菌周年生产的意义

　　食用菌的周年生产,均衡上市,一直是食用菌生产者追求的目标。评价食用菌周年生产的意义,主要看其经济效益。经济效益的大小与投入和产出相关。生产质、量相同的产品,一般投入省,产出相对就大;售价高,经济效益就好。我国的食用菌周年生产,是以低能耗,高产值为目标,努力实现产品供应淡季不淡,达到周年均衡供应,以增强我国食用菌产品在国际市场上的竞争力,满足国内外消费者日益增长的需求,特别是对新鲜食用菌的需求。

　　据报道,我国各地研究的周年生产模式有十多种,均获得了显著的经济效益,建立了较完善的技术体系。在此仅以塑料大棚周年栽培、室内周年栽培和大田周年栽培的经济效益为例说明如下。

　　上海农科院食用菌研究所与本市闵行区食用菌技术推广站协作,设计了由5种菇组成的4个栽培模式,32个大棚,经3年初试和中试,累计总栽培面积59 541.69平方米,生产各类鲜菇378 409.69千克,总产值1 723 892元,纯盈利630 664元。按单个大棚的年产量、年产值计算,则1个棚(面积为180平方米)1年平均产鲜菇3 849.24千克,产值15 743.31元。扣除成本9 184.6元,纯盈利达6 558.71元。当时上海市郊大棚种菜,1个棚1年平均产值为3 500元,成本510元,纯盈利3 000元左右。因此,种菇与种菜相比,前者比后者高出1.19倍。

　　华中农业大学应用真菌研究室,设计了简易菇房和床架,并根据当地气候,筛选多品种组合进行室内蘑菇周年栽培研究。经过实践,经济效益是显著的。这是一种多品种,高复种,空间得到充分利用的模式。菇房总面积 138.9 平方米,年总产值 37 173.6 元,年利润为 24 351.2 元,每平方米栽培面积的利润为 175.3 元。

江西省宜春地区(现为宜春市)食用菌研究所,在大田的生态条件下,设计了 5 个品种、6 个栽培组合的周年生产研究课题。其中草菇、毛木耳、平菇等组合,1 年 6 茬,周年生产,获得显著经济效益。每 667 平方米地周年可产鲜菇(耳)24 000 千克,年产值 51 000 元,纯盈利 27 000 元,是当地蔬菜生产效益的 10 倍。庭院经济栽培面积 66.7 平方米,年产鲜菇(耳)2 433.08 千克,年产值 5 118.08 元,年利润 2 743.66 元,1 个 5 口之家,人均收入 548.67 元。

## 三、食用菌周年生产与人民生活关系密切

有人预言,食用菌将成为 21 世纪的主要食品之一。食用菌是一种高蛋白质、低脂肪,富含维生素、多种酶类和无机盐,以及各种多糖体的高级食品。因此,被誉为健康食品或保健食品,有极高的营养价值和保健价值。

### (一)营养价值

食用菌的营养成分介于肉类和果蔬之间。据测定,食用菌所含的蛋白质约为干物质的 30.25%,按鲜菇计算,其含量约为 4%,是大白菜、番茄、白萝卜等常见蔬菜的 3～6 倍。食用菌蛋白质利用率达 75%,而大豆蛋白质的利用率只有 43%。

食用菌是生产氨基酸的一种生物来源。它含氨基酸的种类达19种,人体的9种必需氨基酸也较全,而且都是L-型氨基酸,易被人体吸收,更有利于人体对食品及氨基酸的平衡利用。研究证明,香菇与大豆混合食用,可以提高大豆蛋白质的利用率,一般从43%提高到70%;同时也能提高香菇蛋白质的利用率。粮食和豆类缺乏赖氨酸、甲硫氨酸和色氨酸,而食用菌中却很丰富。因此,在营养学上显得格外重要。谷氨酸、天门冬氨酸、低分子的肽是食用菌的增鲜剂。

食用菌营养价值之所以高,还在于它含有多种维生素,如维生素C、叶酸、生物素等,尤其是维生素$B_1$、维生素$B_2$、维生素$B_{12}$、麦角甾醇(维生素D的前身)、烟酸等的含量,比其他植物性食品高得多。其中双孢蘑菇还含一定量的吡哆醇、维生素K(又称凝血酶因子),能增加血液的凝集性。

食用菌维生素的含量与食用菌种类有关。含量较高的是维生素$B_1$、维生素$B_2$、维生素C、烟酸等。每100克鲜菇含量分别含维生素$B_1$ 0.1~0.7毫克,维生素$B_2$ 0.4~0.6毫克,维生素C 2.4~5.8毫克,烟酸0.5~10.8毫克。这些维生素均是人体正常生理活动所必需的,缺乏任何一种都会影响身体健康,使免疫力下降,易感染疾病。人体每天需要各种维生素十几毫克至几十毫克。因此,常吃食用菌可以减少维生素缺乏症。

人体需要的常量元素和微量元素,食用菌中都含有,其含量是蔬菜的2倍,特别是钾、磷含量较高。钾是碱性食品的高级物质,可中和胃酸,对高血压患者食用十分有益。众所周知,钙是骨的组成成分,老人缺钙易患骨质疏松症;铁是血液的成分,缺铁易患贫血症;儿童缺锌会厌食,影响生长发育。因此,多吃食用菌可以减少钙、铁等元素缺乏症。

人们之所以越来越喜欢吃食用菌,而且久吃不厌,除上述营养作用外,还因为食用菌有独特的鲜味和香味。

一般认为,食用菌的鲜味源于多种游离氨基酸(谷氨酸、天门冬氨酸、5′-鸟苷酸、口蘑氨基酸、鹅膏氨基酸)和碳水化合物(菌糖、甘露糖)。甘氨酸、脯氨酸、丙氨酸使食用菌呈甜鲜味。多数食用菌鲜食比吃干品鲜,香菇则是干品比鲜菇味更鲜更香,这是因为干制过程中核糖核酸(RNA)被水解生成5′-鸟苷酸,其含量为鲜香菇的2倍。

食用菌给人的第一感觉是香味扑鼻,令人心旷神怡。一般认为,香菇的香味来源于1-辛醇、3-辛醇、3-甲醇、1-辛烯-3-醇、2-辛烯-1-醇和1-辛烯-3-酮、松菇醇、香菇精等挥发性物质。食用菌的香味不仅在不同种类间有显著差异,同一种类不同品系之间的香味强弱也有差异。如大肥菇香味就比双孢蘑菇香味浓。又如香菇干制过程产生大量香菇精,使香菇变得更香。双孢蘑菇经热处理,出现1-辛烯-3-酮,煮沸30分钟达最高值,使蘑菇变得又香又鲜。

## (二)保健价值

大多数食用菌子实体中都含有种类齐全的氨基酸,丰富的维生素,能降低胆固醇,预防心血管病。还含有利尿、健脾胃、助消化的酶类,具有强身滋补,清热解毒,抗病毒和防癌等功效。不过上述成分不是每种食用菌都含有,而是因食用菌种类而异,各有其特长。以下分别介绍几种主要人工栽培食用菌的保健价值。

### 1. 有效成分

据不完全统计,我国有60多种食用菌具有不同程度的抗肿瘤功效,而且各具特点。现分别介绍如下。

（1）抗癌物质　香菇、金针菇、侧耳、滑菇、松乳菇、蘑菇、黑木耳等食用菌的热水提取物的抗癌功效，以松乳菇最佳，抑癌率为 91.8％；其次是滑菇、香菇、金针菇，抑癌率在 80.7％～86.5％；双孢蘑菇最差，抑癌率仅有 2.7％。这种抗癌物质主要是多糖体、多糖蛋白等。

①香菇　从子实体中分离出 6 种以上多糖体，其主要成分为 β-1,3-苷键相结合的直链多聚葡萄糖（香菇多糖），分子量为 95 000～1 050 000 的多糖体。具有较强的抗肿瘤作用。对小白鼠 S-180 癌的抑制率达 97.5％，对艾氏腹水癌抑制率为 80％。从菌丝体中分离出的多糖肽（PSK），主要成分是 α 链结构的甘露聚糖，内含少量丝氨酸、丙氨酸及苏氨酸的多肽，分子量 6.5～9.5×$10^4$。对上述两种瘤均有较强的抑制作用。还能在活体内诱生干扰素。

②金针菇　从子实体的水提取液中得到碱性蛋白，称为朴菇素，分子量 2 300，含氮 16％，对小白鼠 S-180 癌及艾氏腹水癌均有抑制作用，前者抑制率为 81.1％～100％，后者抑制率为 80％左右，特别是对妇女乳腺瘤更有疗效。金针菇菌丝体多糖叫原朴菇素，蛋白质含量 90％以上，具有糖的化学结构，与香菇多糖有本质之别，能明显延长饲养小白鼠的寿命。

③草菇　用冷碱液提取的多糖、分枝 β-D 葡聚糖，分子量 1.5×$10^6$，抑瘤率达 97％；用热碱液提取的多糖、分枝 β-D 葡聚糖，抑瘤率为 48.5％。

（2）抗菌物质　在食用菌制种过程中，我们常发现在菌管、菌瓶、菌袋上出现抑菌线。这是由于食用菌产生的抗菌物质在起作用的缘故，使食用菌筑起的御敌"长城"。如香菇菌素，双孢蘑菇的多元酸，糙皮侧耳的侧耳菌素，金针菇的火菇菌素等数十种抗菌物质。这些抗菌物质对革兰氏染色阴阳性细菌、分枝杆菌、噬菌体和丝状真菌有不同程度的抑制作用。

（3）抗病毒物质

①双链-核糖核酸　众所周知，香菇生产者、经营者及常吃香菇的人不易患感冒，这可能是香菇含有双链-核糖核酸诱生干扰素增强人体免疫力的缘故。试验发现，注射双链-核糖核酸后，小白鼠脏器提取液中含有干扰素。

②双孢蘑菇多糖　具有抗病毒、病原菌的活性。有人证明，用双孢蘑菇多糖免疫的小白鼠对绿脓杆菌的攻击有一定的保护作用，对抗鼠脊髓灰质病毒也有明显的作用。

（4）降胆固醇物质　香菇素又称腺苷，是一种由腺嘌呤和丁酸组成的核苷酸类物质。因此，常吃香菇能降低血液中胆固醇含量，具有一定的治疗高血压和动脉粥样硬化症的功效。据动物试验发现，以金针菇、毛木耳等饲喂鼠类，血液中的胆固醇下降 20%；以蘑菇、香菇等饲喂鼠类，血液中胆固醇下降40%～45%。人体试验更是如此，420 名女学生，每人每天吃香菇 90 克，连吃 7 天，结果血清胆固醇平均下降 6%～12%；40 名男女老龄人的试验结果，血清胆固醇平均下降 9%。高血压患者，每日食干香菇 3～4 个（约含香菇素 100 毫克），对降低高血压，阻止动脉粥样硬化大有益处。

（5）血小板聚集抑制物　美国 Hamamers Chmiat 发现，黑木耳的磷酸缓冲盐水提取物能显著抑制二磷酸腺苷（ADP）引起的血小板聚集，阻断低于 16 微摩/升的 ADP 激活血小板释放 5-羟色胺。前不久，美国 Makheia 等人证明，黑木耳含有一种强效血小板聚集抑制剂——腺苷，叫黑木耳腺苷，是一种水溶性物质，分子量小于 10 000。

除上述有效成分外，还有鸡腿菇的降血糖，蘑菇的止痛，竹荪的治痢疾，猴头菇的消炎，金顶侧耳的治疗肾虚、阳痿，阿魏侧耳的消积、杀虫等特有的保健功效。

**2. 性味功能**

中国的中医中药学对食用菌的性味功能作了科学的概括,易为人们理解和记忆。

(1)双孢蘑菇　性平,味甘。能消食清神,平肝阳。

(2)香菇　性平,味甘。能益气不饥,治风破血,化淤理气,益味助食,理小便不禁,抗癌。

(3)草菇　性温小寒,味微咸。能强身,抗坏血症。

(4)金针菇　性寒,味稍咸,后微苦。能利肝脏,益肠胃,抗癌。

(5)平菇　性温,味微咸。能追风散寒,舒筋活络。

(6)银耳　性平,味甘。能补肾,润肺,生津,止咳。

(7)黑木耳　性平,味甘。能补气血,润肺,止血,滋润,强壮,通便,治痔。

# 第二章 食用菌的生态条件与农业气候资源利用

## 一、食用菌的生态条件

食用菌的种类繁多,生态条件(简称生境)各异,其中最主要的生境有水分、营养、温度、湿度、光线、酸碱度和生物等。各类食用菌对生境的要求虽有程度上的不同,但没有与生境无关的食用菌。了解和掌握食用菌与生境的相互关系,是我们模拟自然,防止不利因素,创造菌类繁衍生息的最佳生境,这是搞好人工栽培食用菌的重要任务。

### (一)水 分

水是生命之源,无水就无生命。食用菌正常生长发育离不开水。培养料中有充足的水,其中的营养成分才能被食用菌分解吸收。子实体需要外观美,符合商品要求,就必须保持空气适宜的湿度。缺水,菌丝体就会停止生长,乃至呈休眠状态,根本不长子实体。水分严重缺乏,子实体就枯萎;水分过多,菌丝体生长缓慢或自溶,子实体容易腐烂。一般来说,子实体生长发育比菌丝体需水更多。水分过剩的危害比水分缺乏的危害更严重。简言之,食用菌的菌丝体耐干不耐湿。

食用菌的水分有三层含意:一是培养料的含水量;二是菌体内的含水量;三是空气的湿度(或空气的相对湿度)。培养料水分和空气湿度的丰缺决定了菌体的含水量高低。

各类食用菌的菌丝生长、子实体形成对培养料和空气中的水分要求都不相同(表1)。

表1　食用菌对培养料和空气中的水分要求

| 菇类 | 名　称 | 培养基含水量(%) | 料水比 | 子实体生育期空气湿度(%) |
|------|--------|------------------|--------|--------------------------|
| 草腐菌 | 双孢蘑菇 | 62~70 | 1:1.3~1.8 | 85~90 |
| | 草　菇 | 65~72 | 1:1.6~2.2 | 85~90 |
| | 鸡腿蘑 | 65~70 | 1:1.6~1.8 | 85~90 |
| 木腐菌 | 香　菇 | 55~60(木屑)35~40(段木) | 1:1~1.2 | 85~95 |
| | 平　菇 | 60~70 | 1:1.2~1.8 | 85~90 |
| | 金针菇 | 65~68 | 1:1.5~1.7 | 85 |
| | 滑　菇 | 55~60 | 1:1~1.2 | 85~90 |
| | 银　耳 | 52(代料)35(段木) | 1:0.9 | 85~90 |
| | 黑木耳 | 35~40(段木)55~60(代料) | 1:1~1.2 | 85~95 |
| | 毛木耳 | 56~60 | 1:1~1.2 | 90~95 |
| | 猴头菇 | 55~65 | 1:1~1.6 | 90~95 |
| | 竹　荪 | 60~68 | 1:1.2~1.8 | 80~90 |
| | 真姬菇 | 65 | 1:1.5 | 90~95 |
| | 柳松菇 | 60 | 1:1.2 | 85~95 |

大多数木生食用菌培养基的含水量为55%~60%,其中金针菇、平菇、猴头菇、竹荪等食用菌培养基的含水量为60%~70%。含水量还与采用原材料的理化性质有关,如用段木栽培的食用菌要求菇木含水量为35%~40%,木屑代料栽培的食用菌培养基含水量为55%~60%。草生菇培养基的含水量比木生菇要求高,一般均在65%~70%。这种差异除菇类本身属性外,还由于培养基的成分主要是稻、麦草,吸

水量较多的缘故。

各类食用菌生长发育的不同阶段对空气相对湿度的要求有较大的差异。菌丝生长阶段要求空气的相对湿度为65%～70%；子实体形成阶段要求空气的相对湿度为85%～95%。菌丝体生长各阶段对空气湿度的要求基本没有差别。子实体形成、分化、生长各阶段却有小的差异，如竹荪原基形成时为80%，破蕾时为90%，开裙时为95%。因此，空气相对湿度的调节管理是保证菇体优质的关键。

## (二)营　养

营养物质是食用菌生命活动的能源和建造菌体的物质基础，也是人工栽培食用菌获得高产优质的保证。食用菌需要的营养成分有以下4大类。

**1. 碳　源**

所谓碳源就是碳水化合物(如葡萄糖、果糖、蔗糖、麦芽糖、半乳糖、淀粉、糊精、半纤维、纤维素等)、木质素、有机酸和某些醇类，其中以葡萄糖最好、用得最多。

**2. 氮　源**

食用菌能较好地利用有机氮源(如蛋白胨、氨基酸、酰胺、尿素)和部分无机氮源(硫铵、硝铵、石灰氮)。

**3. 无机离子**

食用菌能利用离子态的 $K^+$、$Ca^{2+}$、$Mg^{2+}$、$PO_4^{3-}$、$SO_4^{2-}$、$Fe^{3+}$、$Mn^{2+}$、$Cu^{2+}$、$Zn^{2+}$(如氯化钾、碳酸钙、硫酸镁、磷酸二氢钾等)。磷和钾常以 0.2%～0.5%磷酸盐和钾盐加入培养基，镁和硫常以 0.3%硫酸镁的形态加入培养基。

**4. 生理活性物质**

包括维生素和植物生长调节剂类物质，其中使用较多的有维生素 C、维生素 B₁、三十烷醇等。

上述营养成分在木屑、农作物秸秆、棉籽壳、麸皮、米糠、玉米粉、马铃薯等原材料中含量丰富。利用它们合理搭配，就能满足食用菌生长发育的要求。所谓合理搭配，就是配料时要根据食用菌营养生理特点，配制合理的碳氮比，如双孢蘑菇配料的碳氮比应为 33∶1，香菇为 40～60∶1，平菇为 30～40∶1，草菇为 60∶1，金针菇为 40∶1 等。

## (三)温　度

在自然界中食用菌都是在特定的季节发生。多数是一年发生 1 次，少数发生 2 次(春秋或秋冬各发生 1 次)，由此形成了食用菌温型的多样性。

### 1. 菌丝生长与温度的关系

菌丝生长的温度范围，包括最低、最适和最高。即菌丝在一定温度下开始生长，随着温度的升高生长速度加快，超过适温范围生长速度减慢，温度继续升高就会停止生长或死亡。低于某一温度范围，菌丝缓慢生长或停止生长，但不会死亡。这一特性有利于低温保藏菌种。除草菇外，多数食用菌耐低温不耐高温，怕热不怕冷。一般来说，菌丝生长最低温度 5℃以下，最适温度 22℃～25℃，最高温度 30℃。但是不同品种，或同一品种不同菌株也有一定差异。

### 2. 子实体形成的温度范围

子实体形成适宜温度范围比菌丝生长适宜温度低。根据子实体分化(开始出现原基)与温度的关系，将食用菌分为 3 种类型。

(1)低温型　最高温度不超过 24℃，最适在 20℃以下，如香菇、蘑菇、滑菇、金针菇、猴头菇等。

（2）**中温型**　最高温度不超过 28℃,最适在 20℃～24℃,如银耳、黑木耳、双孢蘑菇等。

（3）**高温型**　最高温度不超过 32℃,最适 24℃以上,如草菇、凤尾菇、鲍鱼菇、棘托竹荪(表 2)。

表 2　子实体形成的温度范围及最适温度

| 食用菌种类 | 温度范围(℃) | 最适温度(℃) | 温　型 |
|---|---|---|---|
| 双孢蘑菇 | 8～18 | 12～16 | |
| 香　菇 | 8～18 | 10～20 | |
| 金针菇 | 6～19 | 5～17 | 低温型 |
| 猴头菇 | 12～24 | 15～22 | |
| 滑　菇 | 0～20 | 8～20 | |
| 黑木耳 | 9～25 | 10～23 | |
| 毛木耳 | 15～28 | 18～24 | 中温型 |
| 平　菇 | 6～28 | 10～24 | |
| 草　菇 | 22～32 | 30±2 | |
| 高温平菇 | 23～33 | 25～28 | 高温型 |
| 棘托竹荪 | 23～36 | 28～33 | |

食用菌 3 种不同温型的划分,是制定周年生产计划、进行品种合理搭配的依据。为了便利于周年生产的安排,又将同一品种不同菌株子实体形成期与温度的关系同样划分为低温型、中温型和高温型菌株(表 3)。

表 3　各品种不同菌株子实体形成的温度范围　(℃)

| 品种和菌株 | 低温型 | 中温型 | 高温型 |
|---|---|---|---|
| 香　菇 | 5～18 | 8～22 | 15～28 |
| 平　菇 | 2～22 | 6～28 | 20～34 |
| 竹　荪 | 16～26(短裙) | 17～29(长裙) | 23～35(棘托) |
| 木　耳 | 9～18(黑木耳) | 15～25(黑木耳) | 20～30 (紫木耳,红大耳) |
| 滑　菇 | 5～15(晚生型) | 8～18(中生型) | 8～20(早生型) |

从上表可以看到,除了滑菇外,香菇、平菇、竹荪、黑木耳和毛木耳等 3 温型菌株温度差异较大,子实体生长发育最高温度在 28℃～35℃间,适宜周年生产夏季的品种搭配。

生产实践证明,根据温度变化与子实体生长发育的关系,可把食用菌分为恒温结实性和变温结实性两类。恒温结实性,要求温度比较稳定的条件,子实体才能形成,如金针菇、双孢蘑菇、猴头菇、黑木耳、草菇、银耳等;变温结实性,当菌丝体达生理成熟后,昼夜温差较大时才能形成子实体,如香菇、平菇等。

### (四)光照度

食用菌没有叶绿素,不会进行光合作用。菌丝生长不需要光,要无光培养。由于光线抑制菌丝生长,所以斜面或平板培养时,常见菌丝有波浪起伏生长现象,这是昼夜明暗交替的结果。

光线对子实体生长发育的影响有以下 4 种表现(图 1):A 为原基形成及发育对明暗反应不敏感,如双孢蘑菇;B 为光线对原基形成没有影响,但子实体发育需要光线,如金针菇;C 为原基形成后需短期黑暗,其他生育阶段需要光线,如鸡腿蘑;D 为子实体形成发育过程均需光

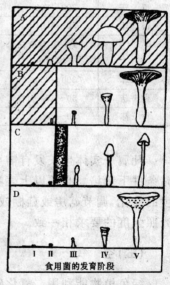

食用菌的发育阶段

图 1　食用菌对光的敏感反应

▨ 明暗无关系　　□ 光要求

■ 暗期要求

线,如平菇、香菇、草菇、黑木耳。

一些食用菌子实体形成过程需要光照,但各类菇要求的光照强度各不相同(表 4)。

表 4  食用菌子实体形成对光照强度的要求

| 菇  类 | 需要的光照强度(勒) |
|--------|---------------------|
| 草  菇 | 50～100,最适 50 |
| 鸡腿蘑 | 50～300 |
| 平  菇 | 200～1000 |
| 香  菇 | 分化 10,正常生长发育 300～800 |
| 金针菇 | 50～100 |
| 滑  菇 | 300～800 |
| 银  耳 | 50～600 |
| 黑木耳 | 1～15 耳变白,300～800 生长发育正常,255～1000 耳变棕黑色 |
| 毛木耳 | 300～800 |
| 猴头菇 | 50～400 为宜,>2000 受抑、变黄 |
| 竹  荪 | 50～200 |

凡属子实体生长发育需要光线的食用菌,就不应该在黑暗条件下栽培。必须以上表数据为依据,随四季自然光照强度的变化,调节菇房或菇棚或森林中的光照度,使之与菇类对光照强度的要求相一致。

### (五)空  气

绿色植物能利用二氧化碳进行光合作用。绝大多数食用菌不能利用二氧化碳(平菇除外),在生长发育过程中都吸收氧,释放二氧化碳。而新鲜空气中氧占 21%,二氧化碳含量为 0.03%。所以在食用菌的栽培中,经常进行通风换气,就是排除二氧化碳,增加氧量,以保证食用菌的正常生长发育。

食用菌是喜氧真菌,生长环境必须保持空气新鲜。不同的食用菌,不同的生育阶段,耗氧量和耐受二氧化碳的能力都表现不同。如香菇菌丝液体培养,在 25℃时每生产 1 克干菌丝体,每小时需吸收 8 微升的氧,高二氧化碳环境培养,子实体不分化或畸形。蘑菇、草菇的菌丝体在 10%二氧化碳环境中,生长量只有正常条件下的 40%,子实体在 0.03%~0.1%二氧化碳的环境中才能形成;平菇菌丝在 20%~30%二氧化碳的环境中还能较好地生长,子实体必须在 0.1%二氧化碳以下才能正常生长发育。

根据对二氧化碳的敏感程度,可将食用菌分为两种类型:一是对二氧化碳敏感型,即二氧化碳浓度增加(不是超量),对子实体形成有极大危害的食用菌,如双孢蘑菇、平菇等;二是对二氧化碳耐力型,即二氧化碳浓度增加(非超量),对子实体生长发育影响不大,如香菇、金针菇、黑木耳等。

## (六)pH 值

pH 值(酸碱度)是对培养基而言。大多数食用菌喜欢弱酸性到近中性的培养基。其中草生菇类要求偏碱一些,木生菇类要求中性偏酸一点。但随着各类菇的菌丝生长,分泌的有机酸增加,使培养基逐渐变酸。因此,配制培养基时,要求调节 pH 值,使其比适宜的数值稍高(偏碱)。pH 值适宜与否,关系到物质的分解、吸收,菌体的新陈代谢活动,生长的盛衰。如 pH 值不适,则物质的分解代谢受阻,菇类生长衰弱甚至死亡。

大多数食用菌能在 pH 值 3~8 的培养基中生长,最适的为 pH 值 5~6(表 5)。由于食用菌种类不同,菌株不同,培养基成分缓冲性能不同,测定方法不同等因素,使测得的结果有小的差异,如果差异数值不大(pH 值为0.5～1 之间),仍有参考意义。

**表5　食用菌与培养基 pH 值的关系**

| 种　类 | 菌丝生长阶段的<br>培养基 pH 值 | 生殖生长阶段的<br>培养基 pH 值 |
|---|---|---|
| 草　菇 | 5～10 | 7.5～8 |
| 双孢蘑菇 | 7.2～7.5 | 6.5～6.8 |
| 大肥菇 | — | 7.2～7.5 |
| 鸡腿蘑 | 6～7 | 7 |
| 香　菇 | 5～5.5 | 4～4.5 |
| 平　菇 | 5.8～6.2 | 5.8～6.2 |
| 金针菇 | 5.4～6 | 5～6 |
| 黑木耳 | 5～6.5 | 5～6.5 |
| 银　耳 | 5.2～5.8 | — |
| 猴头菇 | 5.5 | — |
| 滑　菇 | 4～5 | — |
| 竹　荪 | 4.5～6 | — |

## (七)生物环境

在自然界中,食用菌与无数的微生物生活在一起,形成了极其复杂的生态环境,其中有共生、伴生、寄生和拮抗等关系。人工栽培食用菌就是利用和保护对食用菌有益的微生物,防止和消除有害的病菌、害虫侵袭。

据分离鉴定,对各类食用菌生长有益的微生物种类各异。如双孢蘑菇需要与臭味假单孢杆菌、普通嗜热放线菌生活在一起,这类菌的存在有利于提高培养料的利用效率,促进蘑菇子实体形成。草菇常与腐殖霉菌和高温固氮菌生活在一起,有利于草菇对培养基养分的利用。香灰菌与银耳菌是好友,没有香灰菌银耳不长耳芽。枯草杆菌、软腐芽孢杆菌对平菇生长是有益的。对这些有益食用菌生长的微生物，必须实行保护措施。

托兰斯假单孢杆菌、巨大芽孢杆菌、荧光假单孢杆菌、木霉类、镰刀菌、疣孢类、轮枝霉、青霉、曲霉、链孢霉等都是食用菌生存的大敌，是杂菌。因此，必须采取预防消除的措施。对一些生长速度缓慢的食用菌必须用熟料栽培法。

# 二、农业气候资源利用

农业气候资源就是为农业生产提供物质、能量和生态环境的气候因素。农业气候资源中光、热、水、气、风等要素的数量、质量匹配、分布等，在很大程度上决定了当地农业生产的性质、特点和水平，与土地资源和生物资源（包括食用菌）一起成为生产力的组成因素。

我国的气候从南到北有热带、亚热带（包含南、中、北亚热带）、温带（含高原温带）、高原亚寒带和高原寒带等热量带，从东到西有湿润、半湿润、干旱和半干旱等水分带，全年太阳总辐射量亦大体从西向东递减。这些气候带构成了各种生态类型，使农业气候资源各具特色。

## （一）林业气候资源的利用

林业气候资源是农业气候资源的组成部分。它是指森林的分布、林木的组成和林木可能生长地区的气候资源。天然森林分布区的林业气候资源见表6。

表6 天然森林分布区的林业气候资源

| 森林带 | 平均气温(℃) | | | ≥0℃ | | 全　　年 | | | |
|---|---|---|---|---|---|---|---|---|---|
| | 年 | 7月 | 1月 | 日数 | 积温(℃) | 降水量(毫米) | 余水月数 | 总辐射量(兆焦/米²) | 日照时数(小时) |
| 热带雨林季雨林 | 19~26 | 24~29 | 12~21 | 365 | 7200~9300 | 1200~2400 | 6~8 | 4600~5600 | 1600~2300 |
| 南亚热带季风常绿阔叶林 | 18~22 | 21~29 | 10~15 | 365 | 6800~8100 | 800~2200 | 4~7 | 4200~5700 | 1400~2300 |
| 中亚热带常绿阔叶林 | 14~20 | 20~30 | 4~9 | 350~365 | 5400~7100 | 900~1700 | 5~9 | 3500~6200 | 1200~2400 |
| 北亚热带常绿落叶阔叶林 | 14~17 | 24~29 | 1~6 | 320~360 | 5100~6300 | 500~1500 | 5~9 | 4000~4900 | 1400~2200 |
| 暖温带落叶阔叶林 | 9.5~14 | 23~28 | −12.5~0 | 210~320 | 3900~5300 | 450~850 | 1~4 | 4600~5500 | 2000~2800 |
| 温带针阔叶混交林 | −2.5~9 | 19~25 | −27~−7 | 170~270 | 2300~3900 | 250~750 | 0~8 | 4500~6200 | 2300~3300 |
| 寒温带针叶林 | −5.5~−2 | 16~19 | −31~−26 | 160~180 | 1700~2200 | 350~500 | 8 | 4200~4800 | 2400~2700 |

选自李继由等编著的《中国农业气候资源》

　　林业气候资源由于水、热不同，环境不同，孕育了不同种类的食用菌，并形成了每个种类食用菌的生物学特性。林业气候资源与食用菌繁衍生息密切相关。

　　不同的林带其水、热状况不同，生态环境有别，相应就有不同种类的食用菌。热带雨林、季雨林带，仅适宜高温型食用菌生长；亚热带林带，大多生长中温型或中偏高温型食用菌；温带林带，多数生长低温型食用菌。这些自然资源为我们进行食用菌周年生产创造了条件。

## (二)气温的利用

气温是反映一个地区的冷热及其变化,受非地带性因素的影响强烈。其量值就是热量资源。气温常用年(或旬、候)平均、最高和最低气温,年、月、日温较差,积温等表示。极端气温对食用菌生长来说是两个限制因素。极端最高温的出现易发生热害,极端最低温易造成冻害。因此,在栽培措施上要注意预防这两害。为了反映一个地区温度的变化强度,常采用最高温度与最低温度的差值,即温度较差来表示。对恒温结实的食用菌来说,以日较差越小越好,如草菇。对变温结实的食用菌来说,以日较差越大越好,如香菇。积温是指某一段时间内日平均气温的总和,表示一个地区的热资源。食用菌不同品种完成一个生长发育阶段,要求有一定的积温。某生育期内日平均气温减去生物学零度之差的总和,称为有效积温。

据报道,利用当地自然气温,多生态型(室内、塑料大棚、露地),多品种组合的周年生产的试验,分别在江苏、浙江、湖北、湖南、江西等地获得成功。这些地区处在中亚热带常绿阔叶林带,位于长江中下游两侧。水热资源丰富,年平均气温在15.4℃~19.14℃,≥0℃的日数 350~360 天,最冷月气温2.8℃~8.97℃,最热月 26.9℃~29℃,年积温 5 400℃~7 100℃(表 7)。适宜食用菌生长,是我国食用菌的生产基地。

怎样利用一个地区的气温条件呢? 办法是先在当地气象台查询 10 年以上的年、月、旬、候的气温资料;其次选定不同温型的食用菌适宜出菇温度范围。以此为准,划分温期,作为制种栽培的重要依据。

## 表7 食用菌周年生产试验地区气温

| 地区 | 北纬 东经 | 平均 气 温（℃） | | | | | | | | | | | | 全年 | 海拔高度（米） |
|---|---|---|---|---|---|---|---|---|---|---|---|---|---|---|---|
| | | 1月 | 2月 | 3月 | 4月 | 5月 | 6月 | 7月 | 8月 | 9月 | 10月 | 11月 | 12月 | | |
| 湖北武汉 | 30°38' 114°04' | 2.8 | 5.0 | 10.0 | 16.0 | 21.3 | 25.8 | 29.0 | 28.5 | 23.6 | 17.5 | 11.2 | 5.3 | 16.3 | 23.5 |
| 湖北荆州 | 30°21' 112°09' | 3.3 | 4.5 | 9.9 | 16.1 | 22.5 | 24.5 | 27.9 | 27.7 | 22.3 | 18.0 | 12.0 | 5.5 | 16.2 | 34.2 |
| 江西宜春 | 27°33' 113°54' | 5.2 | 6.6 | 11.2 | 17.0 | 22.6 | 24.8 | 28.7 | 28.3 | 24.6 | 18.7 | 12.9 | 7.6 | 15.5 | 96 |
| 浙江庆元 | 27°58' 119°2' | 6.5 | 8.7 | 13.0 | 17.9 | 21.1 | 24.4 | 26.9 | 26.3 | 23.8 | 18.2 | 13.5 | 8.9 | 17.4 | 353 |
| 福建南平 | 26°9' 119°1' | 9.0 | 10.4 | 14.2 | 19.1 | 22.8 | 25.5 | 28.3 | 27.6 | 25.3 | 20.6 | 15.8 | 11.0 | 19.1 | 200 |
| 上 海 | 31°13' 121°19' | 3.3 | 4.6 | 8.3 | 13.8 | 18.8 | 23.2 | 27.9 | 27.8 | 23.8 | 17.9 | 12.5 | 6.2 | 15.7 | 8.2 |
| 江苏常州 | 31°46' 119°59' | 2.4 | 4.0 | 8.1 | 14.4 | 19.3 | 24.1 | 28.3 | 28.3 | 23.0 | 17.2 | 11.1 | 5.0 | 15.4 | 6.0 |

### （三）海拔高度的利用

海拔高度是指以海水平面为零点向上的垂直高度。在山区随着海拔高度的升高，水、热状况发生垂直变化，就气温而言，每升高 100 米，温度下降 0.6℃～0.7℃。

福建南平地区经过多年试验，认为现有品种在海拔 700 米地带、气温 25℃的条件下，可在 7～8 月份栽培香菇，山上山下结合，就能周年栽培生产，保证淡季不淡，四季有鲜香菇供应（表 8）。

喜马拉雅山脉南翼是林业气候带谱较全的地区。一般海拔 1 200 米以下为热带雨林、季雨林带，1 200～2 000 米为南亚热带季风常绿阔叶林，2 000～2 400 米为中亚热带常绿阔叶林，2 400～2 700 米为北亚热带常绿落叶阔叶林，2 700～3 100 米为温带针叶落叶混交林，3 100～3 900 米为寒温带针叶林。该山脉具有多种食用菌在不同季节生长繁殖的林业气候资源。其他山脉也有类似情况，但林业气候带谱不全。

### （四）地热和工厂余热的利用

河北雄县地热局，利用地热周年栽培草菇获得成功。即采用深井（532.42 米）水（73℃），通过管道导入塑料棚温室，控制水的流量来调节室温，实现了周年栽培草菇。这在北亚热带地区是一个奇迹（详见本书第六章）。我国大中型工业区很多，不少工厂有水气余热可以利用，如能利用工厂余热周年栽培食用菌，也是一条改善职工生活的好途径。

### （五）育秧温室的利用

我国稻区利用温室（或工厂）育秧已有多年的历史，但温

## 表8　福建省南平地区不同海拔高度周年气温变化

月平均气温（℃）

| 海拔高度（米） | 1 | 2 | 3 | 4 | 5 | 6 | 7 | 8 | 9 | 10 | 11 | 12 |
|---|---|---|---|---|---|---|---|---|---|---|---|---|
| 200 | 8.97 | 10.37 | 14.23 | 19.13 | 22.80 | 25.53 | 28.33 | 27.60 | 25.30 | 20.63 | 15.77 | 11.00 |
| 300 | 8.47 | 9.87 | 13.63 | 18.43 | 22.10 | 24.83 | 27.63 | 27.00 | 24.60 | 19.93 | 15.17 | 10.50 |
| 400 | 7.87 | 9.27 | 12.74 | 17.83 | 21.50 | 24.23 | 27.03 | 26.30 | 24.00 | 19.33 | 14.57 | 9.90 |
| 500 | 7.37 | 8.77 | 12.37 | 17.23 | 20.90 | 23.63 | 26.43 | 25.00 | 23.30 | 18.73 | 13.97 | 9.40 |
| 600 | 6.87 | 8.17 | 11.83 | 16.63 | 20.20 | 23.03 | 25.73 | 25.60 | 22.70 | 18.13 | 13.37 | 8.80 |
| 700 | 6.27 | 7.57 | 11.23 | 16.03 | 19.60 | 22.43 | 25.13 | 24.30 | 22.00 | 17.53 | 12.77 | 8.20 |
| 800 | 5.77 | 7.07 | 10.63 | 15.33 | 18.90 | 21.73 | 24.43 | 23.70 | 21.40 | 16.83 | 12.17 | 7.70 |
| 900 | 5.17 | 6.47 | 10.03 | 14.73 | 18.30 | 21.13 | 23.83 | 23.00 | 20.70 | 16.23 | 11.57 | 7.10 |
| 1000 | 4.77 | 5.97 | 9.43 | 14.13 | 17.70 | 20.53 | 23.23 | 22.30 | 20.10 | 15.63 | 10.97 | 6.60 |
| 1100 | 4.17 | 5.37 | 8.83 | 13.53 | 17.00 | 19.93 | 22.53 | 21.63 | 19.40 | 15.03 | 10.37 | 6.00 |
| 1200 | 3.57 | 4.77 | 8.33 | 12.93 | 16.40 | 19.33 | 21.93 | 21.00 | 18.50 | 14.43 | 9.87 | 5.40 |

注：……表示不能栽培香菇

室利用时间每年仅半月到 1 个月,却闲置 11 个月之久。河南省社旗县兴隆食用菌厂,为了提高温室利用率,试验用温室育秧与食用菌栽培相结合的周年生产,取得了良好的效益。即 5 月中旬育秧,5 月下旬至 8 月中旬生产 3 茬草菇,8 月下旬至 11 月栽培中温型平菇,早春(育秧前)栽培银耳(详见本书第六章)。

### (六)塑料棚的利用

利用塑料大棚、中棚和小拱棚栽培食用菌,有广阔的应用前景。当旬平均气温在 25℃ 以上,棚上就加厚覆盖遮阳物,以利降温保湿;旬平均气温 15℃ 以下,遮阳物要疏散,增加透光量,提高棚内温度;旬平均气温 5℃ 以下时,将遮阳物移到棚内,增强棚内阳光辐射量,增温保湿或采用大棚内套小拱棚的办法既增温又防散热。

# 第三章　食用菌生产的基本设施与设备

## 一、生产场地的布局

食用菌生产场地的布局是否合理,关系到生产效率及优质成品率的高低,直接影响食用菌生产经营的盈亏。

食用菌生产场地的布局有一些应注意的共同原则,如地形、方位、季风向、生产规模、工艺流程、走向等,都应作统筹安排,防止交错布局,引起生产混乱。

全场应包括制种、栽培、经营管理及仓库等4大部分。西北角为原材料堆放场和晒场,也是培养瓶的堆放场地。由此向西南角为原料仓库、车库等,对角线开设两道进出料门。库房与配料、分装车间为种瓶堆放场所。从配料、分装车间到灭菌间再相继到冷却间、缓冲间、接种室,应成为一条龙的走向。

一个有一定规模的食用菌生产场,无论一个季节或周年生产多种食用菌都需设多间培养室,以便适应多场及二场制栽培。除此以外,食堂、卫生间、浴室、锅炉间和煤堆放场,均应设在场的东北角位置。栽培场地应远离制种区。为了净化场地的空气,还必须搞好绿化,设立栽培废料的灰化、沤制或再利用处理场区。总之,要按照自身的材料、产销量,因地制宜地规划成"一"字或"L"字型布局(图 2)。

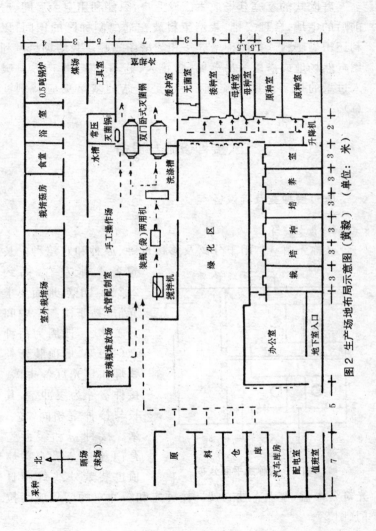

图 2 生产场地布局示意图（黄毅）　　（单位：米）

庭院式的家庭菇场或生产专业户,只能利用空余房间、房前后的宅地,合理安排,栽培废料放在远离制种区的田间,以利还田做肥料。把制种培养室和栽培场隔开。栽培场尽量利用自然场地或搭建简易菇棚,防止人、菇不分家,生产人员吸入过量的孢子而引起疾病(特别是平菇的栽培更应特别注意)。

## 二、接种设施与设备

### (一)接种室及其设备

#### 1. 接 种 室

又称无菌室。用于分离及移接母种、原种和栽培种。长宽各 2 米左右,高约 2.2 米,四壁、地面要求光滑,易于洗扫。中间为工作台,四周为菌种瓶(袋)架,墙顶装紫外线灯和日光灯各 1 盏。接种室外为缓冲室,其长与接种室相同,宽 1 米。接种室和缓冲室有门相连。缓冲室墙顶也装紫外线灯和日

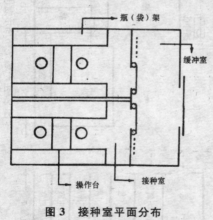

图 3  接种室平面分布

光灯各 1 盏,壁上有挂衣架。接种室和缓冲室的门均应为拉门(图3)。

接种室地面应比室外高 60 厘米以上,室内要清洁,无各

种垃圾,室外应平整,无脏水、积水,并远离畜禽棚舍和饲料仓库。

**2. 接种设备**

(1)接种箱 顶部两侧呈倾斜状,装窗门,窗门需密闭。箱底部两侧箱壁上各有两孔,孔上装袖套,接种时手由袖套伸入箱内操作。箱内有紫外线灯和日光灯(图4)。

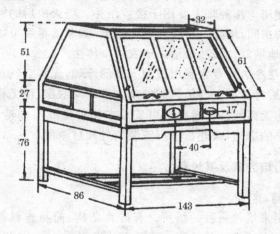

**图 4 双人接种箱** (单位:厘米)

接种箱同样应保持清洁、无杂物。接种前后,箱内都应用0.1%高锰酸钾溶液揩洗,再用清洁干布揩干。

(2)蒸汽接种装置 蒸汽接种就是在蒸汽流上方的无菌区域范围内的接种。所需装置式样不固定,大多为加热器、水壶和工作台组成,菇农可根据其原理随意设置。加热器大多为电炉,也可用煤炉。炉上置小口的水壶或水锅,壶或锅上方为工作台,台面上有 10 厘米×20 厘米的孔,台面孔和壶口或锅口紧密相接,使壶口(锅口)产生的蒸汽集中从孔口喷出。接种前,先加热壶或锅中之水,蒸汽产生后,在孔口上方就形成了一个无菌区域,这时就可接种。接种时,将原种和待接菌种的瓶口对准台孔,接种针置酒精灯的火焰上灼烧灭菌,待冷却后,再照常规法接种。

(3)接种帐　又叫方便接种室。采用宽幅塑料薄膜缝制而成,类似双人蚊帐(高2米,长宽各2~3米)。帐顶开33厘米见方的透气孔(设多层纱布过滤网)。制作多顶这种帐,以便轮换使用。接种帐主要用于接栽培种。将灭菌后的料筒搬入清洁的房间,堆叠。再将接种帐罩上,熏蒸消毒后可以就地接种,就地堆放。该法最适用于农村个体生产。

(4)超净工作台　利用过滤灭菌的原理,先将空气过滤到无菌,然后将无菌空气从风洞处朝一个方向吹出,使工作台范围内成为无菌状态。超净台可安放在接种室或一间清洁、空气流动小的房间,天花板上可安装紫外线灯杀菌。

## (二)培养室及其设备

### 1. 培 养 室

是用来培养菌种的场所。有砖瓦结构、简易塑料棚结构两种。室内可排放菌种架。培养室的面积为20~25平方米,以能培养4 000~5 000瓶菌种为宜。为了便于调温、调湿、换气,最好应设地窗和装空调。地窗装设纱窗和吊门,保温时关闭,换气时开启。保持无光培养。检查时采用手拿式工作照明灯或开日光灯。

### 2. 培 养 设 备

(1)培养床架　菌种架数、层次、层距等的设计都应考虑培养室空间的利用率,检查的方便性。以菌种排放的方式不同,而分长方柱形架(图5)和三角形架,前者以立放为主,后者直接排放周转箱,箱内放菌种瓶。原种瓶床架层距应取瓶

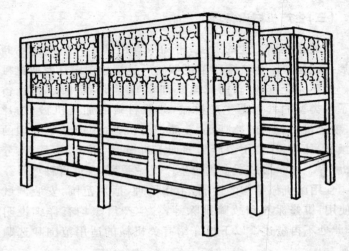

**图 5　木制培养床架**

高加 13 厘米(共约 35 厘米),顶层离天花板 45 厘米,底层离
地面 40 厘米;各层床宽取瓶径乘 5 厘米加 3 厘米(约 48 厘
米);床板最好用 5 厘米条板铺钉,条板间距为 1 厘米,保证上
下层受热均匀。栽培种生产量大,菌种袋竖放空间利用率不
高,待菌丝吃料封面后将袋(瓶)卧放,即交叉横放最好,严防
跌垮。为了充分利用空间,栽培种床架层距应为 50～60 厘
米。

(2)恒温培养箱

①电热恒温培养箱　采用自然对流式的结构,冷空气从
底部风孔进入,经电热器加热后从两侧空间对流上升,并从内
胆左右侧小孔进入内室,再由箱顶的封顶盖调节,使内部温度
达到恒定。它适用于低温季节,不适用于高温季节。

②生化培养箱　可调温、湿、气,恒温效果更精确。一年
四季都能使用。

### (三)生产机械设备

随着食用菌产业的发展,带动了食用菌生产机械的不断发展。我国最早生产食用菌机械的厂是福建古田县农业机械厂。据不完全统计,目前我国已有50多个厂家相继研制、仿造了各类型的食用菌生产机械,如原材料的加工机械(切片机、粉碎机),配料的搅拌机,装瓶(袋)机,食用菌栽培管理的药械机、加液机,食用菌产品的加工机械(烘干机、切片机、分级机)等。初步形成了食用菌生产机械系列,有近百种型号。

食用菌机械结构的性能,工作原理,适用范围,安装调试和使用,维修保养和故障排除等,各生产厂家均有详细说明书,此处不再赘述。以下仅介绍有关机械的适用范围和选购原则。

**1. 切片机**

代表型号有 ZQ-600 型(图 6 之 A)和 MQ-700 型(图 6 之 B)。前者适用于枝桠切片,每小时可切木片 1 500~2 000 千克,可切枝桠的直径为 150 毫米。后者适用木材切片,每小时可切木片 1 500~2 000 千克,切木材的直径 200 毫米以下。

**2. 粉碎机**

可对原材料进行第二道工序加工。代表型号有:锯齿式粉碎机(FS-300A,MX-25 型),适用于直径 30~120 毫米的杂木枝桠,1 次锯成屑,对原料的干湿度无任何要求,所需动力小,但有剩余段;锤片式粉碎机(GFT-600,GFQS-50),适用于一定大小的碎木片,要求湿度不超过 20%,所需动力较大;组合式粉碎机(MX-400),适用于材直径 120 毫米以下的杂木、枝桠、山竹、芦苇、桑枝、棉秆等,1 次加工成屑,对干湿度要求不大,需要动力介于上述二者之间。

**3. 拌料机**

拌料是制种的第一道工序。拌料机代表型号为 WJ-70，主要用于培养料配制后的混合搅拌，使其匀质，每小时可拌料 800～1 000 千克，每次投入料为 40～50 千克/3 分钟。

**4. 装瓶（袋）机**

据不完全统计，国产型号有 30 多种，其中有代表性的 6 种型号的适用范围、小时生产率如表 9 所示。还有一种 SAC1 型装瓶（袋）机，其样式见彩页3。

A

B

**图 6　木材切片机**

A. ZQ-600 型木材枝桠切片机
B. MQ-700 型木材切片机

**表9 6种装瓶(袋)机技术性能及适用范围**

| 机 型 | 小时生产率 | | 用 途 | 内口径(毫米) | 塑袋口宽度(毫米) |
|---|---|---|---|---|---|
| | 装 瓶 | 装 袋 | | | |
| ZPD-103A | 500~600 | 300~350 | 两 用 | 30,35,55 | 120~170 |
| GE | | 600~650 | 装 袋 | | 120~170 |
| ZDP3 | 400 | 250 | 两 用 | 30,35 | 120~170 |
| ZPD-1 | 300 | 500 | 两 用 | 30 | 120,170,250 |
| 6ZP-500A | 450~500 | 160~180 | 两 用 | >60 | >100 |
| 7Z-700 | 600 | 300 | 三 用* | 35 | 140 |

\* 第三种用途为拌料

上述几种典型的装瓶(袋)机主要结构特点如下。

(1)ZPD-103A 采用双层搅拌的喂料装置,物料不易架空;采用胀紧轮离合操纵机构,避免电机的频繁起动;小时耗电量0.3~0.7千瓦。

(2)GE 采用下层搅拌喂料装置,用电源操纵开关控制电机转停。小时耗电量为0.5~0.55千瓦。

(3)ZDP3 采用齿嵌式离合器操纵机构,动力切断及时、方便。小时耗电量为0.45~0.5千瓦。

(4)ZPD-1 搅龙轴端有一台阶并伸出套筒10毫米,可达到内松外紧的装瓶要求;采用点动式开关控制电机转停。小时耗电量为0.6~0.7千瓦。

(5)6ZP-500A 采用旋转料斗喂料装置,避免物料架空;设有机械换瓶装置,实现装瓶换瓶流水作业,生产率较高。小时耗电量为1.4~1.9千瓦。

(6)7Z-700 为双搅龙、双管式大料箱结构,装瓶效率高,还可兼作小型拌料机。小时耗电量为1~1.3千瓦。

### 5. 烘 干 机

又称脱水机。主要用于食用菌干品加工。该类机械有大中小型之分,可烘鲜菇量分别为 500 千克以上、200～500 千克、200 千克。代表性机型特点介绍如下。

(1)6XGH-500　内置式 1 次交换热风炉供热装置,以煤、柴为燃料。由 4 台轴流风机横向送风,强制热风平行穿过菇层流动循环,温湿度由人工调节进风门和排湿窗的大小来控制。烘干室有 3 个分室,总铺放面积约 58 平方米。

(2)ZF-1　内置式电热供热装置。由 1 台轴流风机纵向送风,强制热风从下而上连续穿过菇层流动循环,温度自动控制,通过机械装置可调节排湿窗开度,机械化、自动化程度较高,烘干室分两室。总铺放面积 14 平方米。

(3)FS-1400　外置式两次交换热风炉供热装置,以煤、柴为燃料。由 2 台轴流风机横向送风,热风的流动方式和温湿度控制同 6XGH-500 机。烘干室有 8 个分室,总铺放面积 82 平方米。

(4)MG-600　外置式 1 次交换热风炉供热装置,以煤或柴为燃料。由 1 台离心式风机强制热风自下而上连续穿过耳层,热风不能循环使用。单一烘干室,总铺放面积 4.2 平方米。

(5)5HB-10　外置式混合交换热风炉供热装置,以煤、柴或炭为燃料。热风靠自然对流,温度通过调节风门控制。单一烘干室,总铺放面积 10 平方米。

上述 5 种小型脱水机的主要技术性能综合如表 10。

表 10　小型脱水机的生产效率和能耗量

| 项　目 | 机　型 | | | | |
|---|---|---|---|---|---|
| | 6XGH-500 | ZF-1 | FS-1400 | MG-600 | 5HB-10 |
| 装鲜菇量（千克） | 510 | 100 | 440 | 63 | 40 |
| 小时生产率（千克/时） | 2.7 | 1.5 | 1.97 | 4 | 0.31 |
| 干燥强度（千克/米²·时） | 0.39 | 0.48 | 0.25 | 5.72 | 0.21 |
| 耗热量（千焦/每升水） | 5912 | 6586 | 14009 | 5208 | 12267 |
| 热效率（%） | 39.9 | 37.7 | 17.3 | 45.4 | 20.4 |
| 温度不均匀度（℃） | 6 | 8 | 8 | | 3 |

　　另外,还介绍 3 种大型脱水机的生产效率和能耗量（表 11）。

表 11　大型脱水机的生产效率和能耗量

| 机型号 | 燃料或电源 | 生产率（千克/台·次） | 备　注 |
|---|---|---|---|
| XJ600-1000 型 | 煤或电 | 600～1000 鲜菇 | 旋转式自动控温 |
| LT-300 型 | 煤、柴 | 750 鲜菇 | 砖砌烘房 |
| LC-1000-3000 型 | 煤、柴 | 1000～1500 鲜菇 | 组装式流水线 |

　　选购脱水机,应根据当地食用菌日生产量、燃料来源和电力供应等情况来确定机房面积。小型脱水厂的建筑面积为30～50 平方米,大型脱水厂（日吞鲜菇量 3～5 吨）的面积以200～300 平方米为宜。生产效率,以每台每次（16～18 小时为一炉）脱水鲜菇 500～1 500 千克为理想。以煤、柴为燃料的脱水机,适用于山区。每生产 1 千克干菇,耗煤 3～6 千克;生产干菇 50～150 千克,每小时耗电 1.5～3 千瓦。

　　要选购到满意的机型,除事先了解各类机型的结构特点外,还应对各生产厂家的产品的适用性、可靠性、温湿度自控力和价格作较全面的比较,特别是对一些老用户的拜访更为重要,了解到的问题会更真实。

### (四)加温调湿设备

"加湿容易降温难,增温容易去湿难"。这些话说明加温增湿投资省,降温去湿投资大。因此,必须以最小的投资配备好加温、调湿设备,以求得到最好的投资效果。

**1. 加温设备**

(1)锅炉(电炉) 蒸汽是食用菌栽培最理想的热源。既可以加温,又可以增湿。蒸汽来自锅炉,也可来自电炉。用于消毒灭菌和栽培的锅炉以 0.5～1 吨的就够了。食用菌专业户可采用卧式移动蒸汽发生炉。蒸汽的使用,可在栽培房(棚)内地上安装几根直径 3 厘米、上有小孔的镀锌钢管,用恒温控制蒸汽电磁阀控制蒸汽开关,达到恒温之目的。在用电经济的地方,可用电热发生蒸汽,即在电炉上加一口盛水锅,既增湿又升温。经济条件许可时,可购买电蒸汽发生器。

(2)电热器 有 3 种类型:一是反射式电热器。它由电热元件、控温器、光反射罩、外壳、保护网等构成。电热元件有裸露电热丝式、石英管电热式。裸露式使用不安全;石英管式有红外线辐射作用,加热效果较好,使用寿命较长,缺点是热量过于集中在房(棚)的某一角。二是吹风式电热器。结构与反射式基本相同,不同之处就是加了吹风机。通过强制对流的方式,把热空气送到周围空间,使房间温度较均匀。三是充油式电热器。电热元件是镶在炉内百叶式散热片、油管内的加热器,靠油的循环传热。其优点是发热均匀,且无干燥感;电热元件寿命长。

(3)暖气机与暖气设备 暖气机应根据以下原则选购:价

格便宜,燃料可就地取材,有利于食用菌生长发育,使用安全。暖气机的种类很多,常见的有火炕式、温水式和温风式暖气设备(图7),其中以火炕式和温水式暖气设备比较好,其热分布均匀,能与加湿相结合,使用安全。

**2. 加湿设备**

加湿器种类较多,主要有以下4种型号。

(1)离心加湿器 其原理是利用高速旋转离心力的作用,将水甩成雾状进行加湿。特点是使用简便,容易控制。缺点是雾滴较大,加湿半径小,还会影响室温。

(2)电极式加湿器 用3根不锈钢(或铜)棒作为电极,安在不易锈蚀的水容器中,以水作为电阻,金属容器接地,三相电源接通后电流从水中通过,水被加热,而产生蒸汽,蒸汽由排出管道到达待加湿的空气中。水容器的水位越高,导电面积越大,则通过的电流越强,产生的蒸汽量就越多。因此,可以通过改变液流管高低的办法来调节水位高低,从而调节电流及蒸汽量,一般1千瓦·时约1千克。优点是简单,制作方便,缺水时不会损坏电热元件。缺点是电极和内箱要经常清洗除垢,否则电阻过大,使功率降低而影响正常工作。

(3)超声波加湿器 其原理是电子线路产生高频率的超声波振荡,使水变成雾状,雾滴小,效率高。

(4)水压喷雾装置 由干、支、毛3级水管组成。在毛管上每隔2～3米安装1个微喷头(WP型塑料全圆喷头),工作压为100千帕,喷水量为48升/时,喷雾半径280厘米。优点是安装容易,使用方便,适宜大面积栽培,喷雾范围大,一机多用,既增湿又可辅助降温。缺点是要求有一定的水压,水质清洁,否则易堵塞,要常通洗。

高温季节食用菌的生产管理降温是主要的。有条件的地

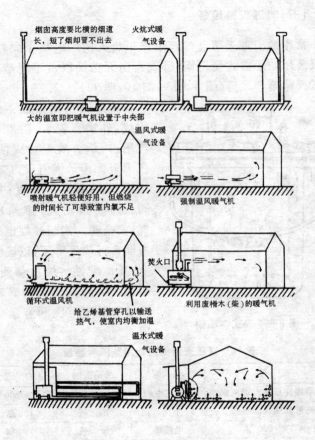

**图 7 暖气机与暖气设备**

区,可采用冷气机或空调器,但投资较大、耗电量多。最节省投资的办法是棚顶加盖遮阳物,使之形成阴凉环境,在日高温期,从棚顶或棚内喷雾(最好用井水)降温,一般可降低 3℃～5℃。

### (五)消毒灭菌设备

常用的消毒灭菌设备有用于干热灭菌的电热干燥箱,湿热灭菌用的手提式高压锅、卧式高压灭菌锅以及不同造型的常压灭菌箱和灶等(图8,图9,图10,图11)。

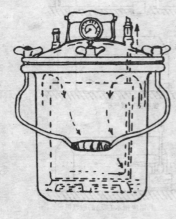

高压灭菌锅由以下机件组成:外锅。装水,供发生蒸汽用;内锅。放置待灭菌物;压力表。指示锅内压力变化,指示压力单位及温度;排气阀。为手拨动式,排除冷空气;安全阀。当超过规定的压力即自行放气降压,以确保安全;其他配件。橡皮垫圈、旋钮、支架等;高压灭菌锅常见型号的适用范围和容量见表12。

图8 手提式高压锅

表12 高压灭菌锅的适用范围和容量

| 型 号 | 能 源 | 适用范围 | 容 量 |
|---|---|---|---|
| 电热手提高压蒸汽灭菌锅 | 2千瓦电炉 | 试管等 | 100~250 支 |
| 卧式圆形高压灭菌锅 | 12千瓦电炉 | 菌 瓶 | 130 瓶 |
| YXQ・GY21-600 型 | 电热棒 | 菌 瓶 | 130 瓶 |
| 卧式圆形单门高压灭菌锅 | 锅炉供汽 | 菌 瓶 | 380 瓶 |
| 卧式方形双门高压灭菌锅 | 锅炉供汽 | 菌 瓶 | 380 瓶 |

常压灭菌锅每隔2~3天必须清洗1次,否则锅水变脏,灭菌时易引起沸腾,使棉塞受潮。灭菌时以灭菌室门缝中有

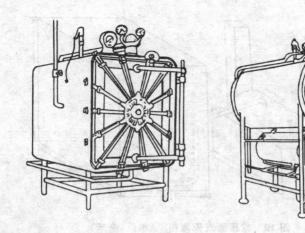

**图9 卧式高压灭菌锅**

左:方形双门灭菌锅　右:圆形单门灭菌锅

蒸汽逸出时开始计算,到规定时间后停止加热。

培养料灭菌结束,锅门打开后,应继续在锅中放置半小时,以烘去棉塞上的水蒸汽。然后移入清洁的周转箱或竹筐中。上面盖好清洁的纱布或麻包,送入冷却室冷却。

高压锅和常压锅各有优势和缺点。

买1台灭菌容量500瓶规格的高压灭菌锅需5 000～6 000元,而造1座灭菌容量1 000菌袋的常压灭菌锅灶只需1 000～1 500元。前者是后者的4～5倍。

高压锅的制造需钢材(1厘米厚的钢板),常压灶只需砖头、水泥、铁锅、铁架或竹木架,取材方便,建造容易。

高压锅灭菌需要电源、煤源或锅炉蒸汽,常压锅灭菌可利用山柴、作物稿秆等作燃料,适合广大山区农村。

高压锅能耐高温高压,灭菌时间短,栽培种一般2～3小

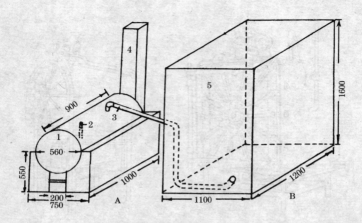

**图 10  常压蒸汽灭菌箱** （单位：毫米）

A. 蒸汽发生器  B. 蒸汽灭菌箱

1. 油桶  2. 灌水孔  3. 蒸汽管  4. 烟囱  5. 灭菌箱

时；常压锅仓内温度一般只能保持 98℃～100℃，因此灭菌时间长，通常栽培种灭菌需 8～12 小时。后者是前者的 4 倍。

## （六）常用玻璃器皿和小器具

### 1. 试　管

平口，内口径 18 毫米，长 180 毫米，用于制作母种。可根据制种量购置。

### 2. 三　角　瓶

250 毫升、500 毫升各 2 个，1 000 毫升 1 个。用于配制培养基和盛无菌水。

### 3. 菌　种　瓶

750 毫升 1 个。用于制作原种或栽培种。可根据计划定额购置。

**4. 烧 杯**

250毫升2个，500毫升2个。用于制备培养基。

**5. 量筒或量杯**

500毫升1个，1 000毫升1个。用于计量液体容积。

**6. 漏 斗**

9厘米×17厘米1个。用于分装培养基。

**7. 广 口 瓶**

100毫升、500毫升各2～3个。用于盛装药品。

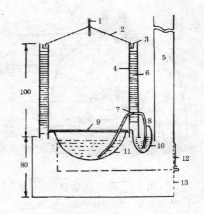

**图11　常压灭菌灶　（单位:厘米）**

1. 温度计　2. 锅盖　3. 封口
4. 锅身(镀锌铁皮)　5. 烟道　6. 砖围墙
7. 导水铁管　8. 导水橡皮管　9. 蒸架
10. 颈罐(加水预热器)　11. 二号大锅
12. 火门　13. 风道

**8. 小口瓶(具磨口塞)**

500毫升2～3个。用于盛放酒精或药品。

**9. 酒 精 灯**

用于火焰接种。2～4盏。

**10. 玻璃温度计**

外有金属套的温度计1支,用于测料温;干湿球温度计1支,用于培养室和栽培房温湿度测量。

**11. 孢子收集器**

1具(图12)。

**12. 接 种 钩**

用于挖取菌基块接种。可用自行车辐条(或不锈钢丝)制

**图 12　孢子收集器**

1. 消毒棉塞　2. 玻璃钟罩　3. 种菇
4. 培养皿　5. 瓷盘　6. 纱布(浸过升汞水)

作,将一端敲击成铲状,磨光而锐,弯成 2～3 毫米小钩,中间成锯齿状。备足 4～5 把。

**13. 接种铲**

用于切割菌基。可用自行车辐条制作。备 3～5 把。

**14. 镊　子**

长 12.5 厘米或 20 厘米。用于接栽培种和组织分离。备 1～2 把。

**15. 解　剖　刀**

选用医用刀。备 1～2 把。

**16. 铝　锅**

24 厘米口径铝锅 1 个。用于制作母种。

**17. 天　平**

扭力天平和药物天平各 1 台。

**18. 其他接种工具**

接种耙、接种环、种瓶架、酒精灯(图 13)。

## 三、栽培设施的种类及结构

食用菌栽培设施的建造,要有一个整体设计,并选择好场地。然后根据食用菌对生活条件的需求建造成冬暖夏凉,保温保湿,换气流畅,有漫射光或无光的房(棚)。同时,栽培场所不要靠近有毒气、废水的化工厂,饲料仓库,禽畜场和粪便

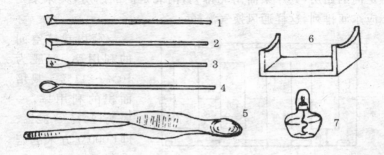

**图13 接种工具**
1. 接种钩 2. 接种耙 3. 接种铲 4. 接种环
5. 大号镊子 6. 种瓶架 7. 酒精灯

集中的场所,最好靠近溪水、井水、流动河水边。四周最好有茂林绿化带或天然山林区,有利于净化空气,改善小气候。有条件时修筑人行道和车行道,以便运输。

### (一)砖、木、水泥结构菇房

可以用旧房改造,也可以新建。一般高产菇房多为屋脊式,栽培面积160~220平方米,长10米,深8米,高5~6米;坐北朝南,南面设2~4扇门,南北面均设上中下透气窗(40厘米×40厘米),下窗离地10厘米,上窗低于屋檐;屋顶还要设拔风筒,与走道相对,筒高1.3~1.6米,直径0.3~0.4米,筒顶端的风帽边缘应与筒口平,这样拔风好,又可防雨水倒灌(彩页4)。

菇房内床架的设置必须考虑排列的方位,占地面积和空间合理利用率,工作方便等因素。

菇房内的床架的方向应和菇房的方位垂直排列,如东西走向的菇房,其床架需南北排列,南北走向的菇房,其床架则应东西排列,这样通风换气流畅。

菇房栽培空间的利用率,一般为10%～11%。栽培面积的利用率,一般为 20%～22%,即1 000立方米的菇房,栽培面积200～220平方米为宜。

床架与墙壁间均应设走道,条条走道相通,南北两面留走道宽 66 厘米,东西两面走道宽 50 厘米,床间走道宽 66 厘米(图 14 之 A)。床设 5～6 层,层间距 66 厘米,底层离地面 17 厘米,上层离天花板 130～ 170 厘米(图 14 之 B)。

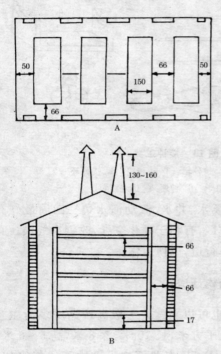

**图 14  砖瓦水泥菇房及床架** (单位:厘米)
A. 床架设置平面图  B. 菇房剖面图

床架可采用竹木结构,也可采用钢筋水泥结构,但都易潜伏杂菌。最好采用铁管或硬质塑料管搭建,这样的菇房适合蘑菇、草菇等床式栽培菇类。

## (二)塑料、金属、竹木、草帘结构菇房

设施栽培(保护地栽培)即是采用金属等材料为棚架,塑料薄膜等材料做覆盖物,其上再覆盖不同厚度的遮阳物,造成阴凉、保温保湿、通风换气好的环境。按其大小分为大棚、简易棚(中棚)、小拱棚(小环棚)。

### 1. 大 棚

有圆拱型和屋脊型两类。圆拱型大棚有单栋和连栋之分。前者常为南方采用,后者常为北方采用。此类大棚适于木腐菌代料栽培。

(1)圆拱型大棚 全国生产厂家多,生产的型号大小各异,其中以 6A 型铝合金装配式大棚为好,棚宽 6 米,长 30 米,高 2.7 米,肩高 1.7 米,用户最普遍。

(2)双面屋脊式大棚 采用毛竹、薄膜、黑纱、稻草、铁丝、钉、藤等材料搭建,棚宽 10 米,长 35 米,高 4.2 米。棚顶开设 3 个企口窗(老虎窗),窗高出棚顶 30～35 厘米(封3)。

(3)单面屋脊式大棚 采用竹、木、薄膜、遮阳纱、草帘、砖、土坯等材料搭建,三面筑墙,一面脊坡。北墙高 2 米,脊高 2.5 米,中柱高 2 米,边柱高 1.5 米,宽 7.5 米,长因地制宜。

### 2. 简 易 棚

又称中棚。以棚顶形状分,有弧形和三棱形等。基地面积 46～110 平方米。此类棚适合蘑菇、草菇栽培。

(1)弧形简易棚 建于宅前宅后或高亢地方。采用毛竹竿、竹棍、塑料薄膜、油毛毡和稻草等材料搭建和覆盖。棚东西向,棚高 3 米,南北两头各开一门,东西两侧设上下窗若干个,棚顶(与走道相对的地方)开设排气筒(高 1.3～1.6 米)若干个,筒间距 2～3 米,内设 2～3 个床架、4～6 层。棚顶覆盖

1层薄膜、3～3.5厘米厚的稻草,成覆瓦状覆盖(封3)。

(2)三棱形菇棚　棚最好建于稻田上(收获后)。采用竹木、塑料薄膜、草帘或芦帘搭建、覆盖。棚宽2.6米,长不限,最长不超过20米,高2～2.5米。栽培床稍离开地面。棚内东西两边设床,南北设门窗各1个(封3)。

### 3. 小环棚

主要用于蘑菇、草菇、平菇的地畦栽培。棚宽1.1米,高0.8米,长不限,以20米为宜。用2.5～3米竹竿弯成半圆形,插入畦两边地下20厘米深,竹竿间距1米,上覆盖薄膜和草帘。这种棚由于容积小,升温快降温也快。因此,在管理中既要防极端高温,也要防极端低温。目前生产上多采用的是小环棚的改良型,主要有以下两种。

(1)小拱棚地床　结构特点是棚骨架分边柱(筑50厘米高的土柱)和中柱(高110厘米),棚内地面中心设一作业沟(50厘米×30厘米),将基地分成两个畦(宽90厘米)。棚之间开排水沟(20厘米×20厘米)。在两棚间(边柱顶)加盖由小竹竿和草做成的篷(150厘米×70厘米),起遮阳降温的作用(图15)。该棚适用于地畦栽培的菇类。

(2)地沟环棚　种类、型号甚多。按宽度分,有宽型(2.5～3米)和窄型(1.6～2米)。按地沟数目分,有单列式和多列式。以棚顶形状分,有拱形和半坡式,其中以拱形应用较普遍。地沟式环棚高2～3米(沟底至棚顶),长10～30米(图16)。该棚适用于北方干寒地区食用菌栽培。

### 4. 太阳能暖棚

实践表明,利用太阳集热坑、输热道及排气囱相连构成一个供热循环系统,在11月至翌年2月的严冬季节栽培平菇能获得成功。阴天和雪天关掉进出闸门,在5～6天内畦温不低

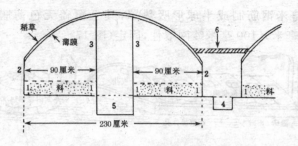

**图 15　小拱棚地床剖视图　（陈声煜）**
1. 挡料小土堤　2. 边柱　3. 中柱
4. 棚外排水沟　5. 棚内作业沟　6. 加盖的竹草篷

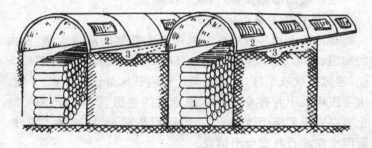

**图 16　地沟环棚　（王柏松）**
1. 菌筒　2. 活动天窗　3. 排水沟

于 12℃。正常晴天可保持棚温 18℃～21℃,料温 15℃～19℃。有人试用,在 1 月 6 日投料 1 050 千克,接种后至 2 月 20 日出菇,到 3 月 5 日共收鲜菇 699 千克。

具体做法:选择避风向阳、南面无任何遮阳物的场所,建东西长 9～12 米、宽 2 米的畦。畦上搭建小环棚,畦下筑输热道,一端与排气囱相连,另一端与太阳能集热坑相连,形成一个热循环系统。太阳能集热坑可建在棚西端或距西端 2 米处,坑口直径 3 米,深 1.3 米,筑成铁锅底形。坑上用竹片或

Φ6 毫米钢筋制成半球形吸热罩,其上覆盖无色薄膜,并用 100 毫米×100 毫米纱网罩住,固定(图 17)。

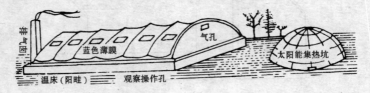

**图 17　太阳能暖棚**

太阳能暖棚离不开太阳,为了保证生产,必须为无太阳的天气准备辅助加热设备,构成双保险。

## 5. 现代化大棚

台湾式大棚　台湾菇农采用竹木骨架的塑料大棚,棚内的加湿、降温、通风设备齐全。以 150 平方米面积管理较方便,通风换气效果好,产菇量高。棚内菇床分设两排,分 5 层。床架四周及中间有 67～100 厘米宽的走道(图 18)。为了防止害虫入侵和便于清扫卫生,门窗均装有 64 目的尼龙网,地面用水泥或石灰三合土铺成。

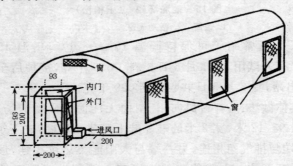

**图 18　台湾式大棚　(单位:厘米)**

# 第四章　食用菌生产的
# 投资与经济效益

　　要兴建食用菌生产场或生产与开发经营公司,事先必须进行市场和投资环境的调查。然后对投资额进行详细预算,对经济效益作可靠性预测。如果投资环境较理想,有利可盈,就要尽快筹集资金,组织人力,备足建筑材料,做好土地规划、厂房和菇棚设计,及时进行施工、设备安装和试产、投产。

　　投资额多少,取决于设施与设备的现代化水平、规模的大小。要知晓经济效益多大,就得了解菇场的规模、年总产量、总产值和成本的高低。还要了解栽培工艺的全过程,探索降低成本的新途径,以求获得高效益。

## 一、生产设施与设备的投资

　　按照菇场规模大小可分为:小型菇场(或庭院式):设备简陋,规模较小,投资少,基本是手工操作,根据市场的需求,自产自销。中型菇场:有企业性质,投资较大,操作是半机械半手工,生产效率较高,产品必须通过本公司的经营部组织内销和对外出口。现代化菇场:具有专业公司性质,规模较大,生产设施与设备现代化,食用菌生长的必需环境条件都是自动控制,生产力高,效益高,成本也高。

　　以上海市上海县华漕乡黎明村的一个庭院式菇场为例。该菇农建造一座大棚,面积为 180 平方米(6 米×30 米)。棚内设 3 床架,两边床架宽 1 米、3 层,中心床架宽 1.3 米、4 层。年栽培面积为 218.44 平方米(实际可利用面积为 318.43 平方米),其中蘑菇占 150.83 平方米,香菇 121.5 平方米,草菇 33.3 平方米,毛木耳 12.8 平方米。草菇和毛木耳是根据市场需要插种,所以面积比较小。各类菇年总产量为 3 294.69 千克,总产值为 17 813.53 元。

第一,设施和设备资金(固定成本)。为 10 530 元。其中常压灭菌锅灶 1 个,1 000 元;手提式高压锅灭菌 1 个,230 元;接种箱(木制)2 个,300 元;接种培养两用房(20 平方米)1 间,2 000 元;床架(竹材)3 000 元;大棚架及覆盖物 1 座,4 000 元。

第二,生产基金(可变成本)。主要包括折旧、原材料、菌种和人工费,合计 6 903.13 元。其中年折旧 1 053 元(占固定资产的 10%);原材料 3 150.13 元/年;人员工资 2 700 元/年。

庭院式菇场一个标准大棚,年产鲜菇 3 294.69 千克,总产值为 17 813.53 元,扣除年成本 6 903.13 元,可获净利 10 910.4 元,获得了较高的效益。这主要是能根据市场需求,掌握季节巧安排,达到了淡季有产品,保证了周年均衡上市。菇的售价总比别人的卖得高,在上海市场上当各类菇平均售价 4.09 元/千克时,庭院式菇场生产的菇可卖到 5.3 元/千克。另外,由于使用的是家庭剩余劳力,是兼业不是主业,所以生产成本比其他生产方式低 2 685.9 元以上。

## 二、降低生产成本的思考

办菇场的目的是为了盈利,而成本的大小又决定着菇场盈利的高低。怎样才能使一个菇场获得较高的盈利呢?可以从以下几方面作一些思考。

## (一)提高单位面积产量

提高单位面积产量是降低成本的有效途径。在食用菌的栽培中选用优良品种,优良的栽培法,是使单位面积高产的关键。以香菇为例,如果能使香菇从 0.25 千克/袋(1 平方米产菇 20 千克)提高到 0.3 千克/袋(1 平方米产菇 24 千克),每平方米成本就降低 8 元。每袋降低成本 0.1 元,50 万袋降低成本 5 万元,也就是增加了 5 万元收入。

## (二)提高复种指数

欧美国家的现代化蘑菇房,栽培周期 84 天,一年按单区制在同一菇房内可栽培蘑菇 4.6 次,12 间菇房的栽培场一年可栽培 52 个周期。如果采用双区制浅箱栽培,每周装床 1 间或 2 间房,约 3 周后可采收第一批蘑菇,采收时间为 5 周。每 1 次共需 8 周,则每个菇房每年可装床(或投料)6.5 次。在栽培制度上采用前置菇房(或发菌扭结)和采菇流水线,一年一个菇房栽培次数可以提高到 10 次之多。

## (三)提高制种成品率

提高制种成品率是降低成本的又一重要因素。在制栽培种的过程中,原、辅材料新鲜,消毒灭菌彻底,环境净化好,无菌操作严格。培养过程中严格检查杂菌,勤除杂,防高温等是提高制种成品率的关键所在。假如把香菇制种成品率从 80%(每袋成本 0.6 元)提高到 90%,成品率提高 10%,每袋成本可降低 0.06 元,50 万袋就可节约成本 3 万元。

### (四)提高劳动生产率

提高劳动生产率,可以多产菇,减少开支。最有效的办法是尽可能采用机械化和先进技术装备,可大幅度提高劳动生产率。以香菇制栽培种为例,完全靠手工操作,1人1天制种240袋。采用半机械化操作,1人1天可制种720袋。采用半自动装袋机操作,平均1人1天制种1 200~1 500袋。后者是手工操作的5~6.25倍,是半机械化操作的1.7~2.08倍。

### (五)提高废料综合利用率

栽培后的废料进行综合利用,既省原、辅材料,又省人工,还能减少对环境的污染。如利用栽培蘑菇的废料栽培草菇,再用栽培草菇的废料栽培金针菇和平菇等均有报道。但对废料的处理和利用还未形成产业化。对废料中的微生物学特点、营养化学及利用的发酵工艺都有待研究。

# 三、周年栽培计划的制定和
# 增加经济效益的途径

搞好大棚食用菌周年的栽培和经营,必须要有周密的栽培计划和增加经济效益的途径。

### (一)栽培计划的制定

周密的计划是成功的希望。制定计划最好于栽培的头一年底或当年1~2月份进行。要求制定好不同温型的菇类或同一品种不同菌株的周年栽培计划和菇、菜、粮换茬及间、套作的周年栽培计划。并按照计划备足原、辅材料,场地整理以及机械设备维修保养。

制定周年栽培计划,就要以本地气温为依据,划好温期。所谓温期,就是某些食用菌的适宜生长温度范围。以某一地区近 10 年的气象资料和食用菌不同温型的生物学特性为依据,将全年的气温划分为若干个温期。然后,将不同温型的食用菌对号入座,安排周年生产就非常方便(表 13,表 14)。

**表 13　上海地区温期划分和适栽食用菌**　(杨瑞长等,1990)

| 历期(温期)（月　旬） | 气温变化范围(℃) | | | 适栽品种 | |
|---|---|---|---|---|---|
| | 平　均 | 最高 | 最低 | 温　型 | 品　种 |
| 12 月中旬至翌年 2 月 | 1.8～5.7 | 15.8 | -5.3 | 亚低温型 (0℃～20℃) | 金针菇、晚生型滑菇、平菇 |
| 10 月至 12 月中旬,3 月至 5 月中旬 | 4.0～19.8 7.1～18.9 | 27.8 30.8 | -1.9 -0.3 | 低温型 (8℃～24℃) | 香菇、蘑菇、猴头菇、紫孢平菇、糙皮侧耳、早生型滑菇 |
| 5 月至 6 月中旬,9 月至 10 月上旬 | 21.9～23.8 19.8～20.04 | 34.1 30.1 | 9.9 10.5 | 中温型 (20℃～28℃) | 银耳、黑木耳、毛木耳、香菇,长裙、短裙和红托竹荪 |
| 6 月下旬至 8 月 | 25.3～28.3 | 34.1 | 26 | 高温型 (24℃～36℃) | 草菇、侧 5、鲍鱼菇、栎平菇、棘托竹荪 |

**表 14　武汉地区温期划分和适栽食用菌**　(朱兰宝等,1989)

| 温期划分 | 历　期 | 菇房号 | 旬平均温度范围(℃) | 适栽食用菌温型 | 适栽品种 |
|---|---|---|---|---|---|
| 中温期 | 3 月下旬至 6 月中旬 | 1 2 3 | 13～25 11.2～25.5 11.8～25.4 | 中高温型 中温型 中低温型 | 平菇、香菇、银耳、黑木耳、猴头菇、凤尾菇、毛木耳 |
| 高温期 | 6 月下旬至 9 月中旬 | 1 2 3 | 24.5～29.9 24.3～29.4 25.4～29.4 | 高温型 | 草菇 |

| 温期<br>划分 | 历　期 | 菇房号 | 旬平均温<br>度范围<br>（℃） | 适栽食用<br>菌温型 | 适栽品种 |
|---|---|---|---|---|---|
| 中温期 | 9 月下旬至<br>12 月中旬 | 1<br>2<br><br>3 | 6.6～26.7<br>15.5～25.1<br><br>13.5～25.3 | 中高温型<br>中温型<br>中低温型<br>低温型 | 平菇、香菇、银耳、<br>黑木耳、毛木耳、<br>猴头菇、蘑菇、金<br>针菇 |
| 低温期 | 12 月下旬至<br>翌年 3 月中<br>旬 | 1<br>2<br>3 | 3.1～15.3<br>3.5～16.6<br>7.8～14.3 | 中低温型<br><br>低温型 | 金针菇、平菇 |

从上列表中可以看出,上海和武汉等地区利用自然气温为主,人工降温或增温为辅,周年栽培,均衡上市是可行的。但必须指出,划分温期要因地制宜,不同地区由于气温不同,应有本地区温期划分的标准和最为适宜栽培的食用菌品种。

制种是栽培的开始。制种计划的好差,关系到能否适时栽培,保证有效收菇期,也直接与产量和产值有关。要适时照计划制好种,就要了解不同的制种容器,不同的制种类型(固体种还是液体种),培养在恒温下还是自然温度下,各类菌丝长满容器所需要的时间。相对而言,大体可分为两类:一类菌丝生长速度较快,如草菇、金针菇、银耳;另一类生长速度较慢,如蘑菇、香菇、木耳等。以原种制作为例,在恒温条件下750 毫升的玻璃瓶,各类菇菌丝长满所需的时间分别为:草菇20～25 天,银耳(20℃～25℃)15～20 天,平菇(25℃～28℃)15～21 天,金针菇(20℃～23℃)22～25 天,红托竹荪(15℃～20℃)30～50 天,长裙竹荪(22℃)约 6 个月,香菇(24℃～26℃)40～45 天,蘑菇(24℃～25℃)30～45 天,木耳(25℃～28℃)30 天。

由于各类菇菌丝生长速度的不同,如果没有恒温设备,而以自然气温培养为主,则必须进行适宜制种期的试验,然后才能确定本地区的制种期。各级菌种期的确立,应以当地最适栽培出菇期为准,向前推算时间。如香菇栽培种110~140天出菇最好,原种40~45天,母种(试管种)14~18天。因此,全制种期为164~203天。如采用液体种或颗粒种,并振荡培养,将大大缩短制种期,只要在适栽前1个月左右制种即可(表15,表16)。

**表15 不同温型菇类的制种和栽培程序** (陈昌群,1991)

| 季 节 | 宜栽菇类 | 制种期(月) | | | 发菌期(月) | 出菇期(月) | 主要措施 |
|---|---|---|---|---|---|---|---|
| | | 母 种 | 原 种 | 栽培种 | | | |
| 春 季 | 平菇(低、中) | 11 | 12 | 1 | 1~2 | 3~6 | 早春注意增温,中午注意防高温 |
| | 香 菇 | 10 | 11~12 | 1~2 | 3~4 | 4~6 | |
| | 猴头菇 | 11 | 12 | 2~3 | 2~3 | 3~6 | |
| | 银 耳 | 12 | 1~2 | 3 | 3~4 | 4~6 | |
| | 黑木耳 | 12 | 1~2 | 2~3 | 3~4 | 4~6 | |
| 夏 季 | 平菇(高) | 6~7 | 7~8 | 8~9 | 9~10 | 10~11 | 遮光通风降温 |
| | 草 菇 | 4 | 5 | 6~7 | 7~8 | 8~9 | |
| | 棘托竹荪 | 12 | | 3~4 | 5~6 | 7~8 | |
| 秋 季 | 平菇(中) | 6~7 | 7~8 | 8~9 | 9~10 | 10~11 | 遮光保温或与菜、粮间套作 |
| | 凤尾菇 | 6~7 | 7~8 | 8~9 | 9~10 | 10~11 | |
| | 双孢蘑菇 | 6~7 | 7~8 | 8~9 | 9~10 | 10~11 | |
| | 香 菇 | 4 | 5 | 6~7 | 7~9 | 9~11 | |
| | 猴头菇 | 6~7 | 7~8 | 8~9 | 9~10 | 10~11 | |
| | 银 耳 | 5~7 | 6~7 | 7~8 | 8~9 | 9~11 | |

表 16 平菇不同温型菌株周年栽培简易程序

| 温 型 | 宜栽菌株 | 制种期(月、旬) | | | 播种期(月、旬) | 出菇期(月、旬) | 栽培历期(月、旬) |
|---|---|---|---|---|---|---|---|
| | | 母 种 | 原 种 | 栽培种 | | | |
| 低温型(冬季、早春、晚秋)子实体生长发育(8℃～20℃) | 美味侧耳、糙皮侧耳、佛罗里达侧5、吉平1号、日本佳平 | 8月初至9月底 | 8月中旬至10月上旬 | 9月中旬至11月上旬 | 11月中旬至12月下旬 | 11月下旬至翌年5月 | 6个半月 |
| 中温型(春、秋季)子实体生长发育(10℃～26℃) | 凤尾菇、佛罗里达、平蔬10号、侧5、华丽平菇 | 5月中旬至6月中旬,10月上旬至翌年1月中旬 | 6月下旬至7月下旬,11月下旬至翌年2月上旬 | 7月下旬至8月中旬,1月中旬至2月下旬 | 8月下旬至11月中旬,3月上旬至4月中旬 | 8月下旬至11月上旬,4月上旬至6月上旬 | 5个半月 |
| 高温型(夏季)子实体生长发育(20℃～28℃)(24℃～36℃) | 侧5、HP1 | 2月中旬至6月中旬 | 2月下旬至7月下旬 | 3月上旬至8月上旬 | 4月上旬至9月上旬 | 5月至10月 | 6个月 |

注:该表由笔者根据王玉明和李伯迈试验结果归纳,1992

上述两个程序表,只起抛砖引玉的作用。栽培者和菇场主必须使菇类的生物学特性与本地区气候条件相适应,并要考虑市场对菇类的需求,制定出本地区食用菌周年栽培的计划,做到因地制宜,不违农时,乃是高产优质的先决条件。

### (二)增加经济效益的途径

一座大棚的年经济效益大小,是由年实际栽培面积(或复种指数)、鲜菇年产量、年总产值和年生产成本等因素所构成。简言之,即由年生产投入和年产出所决定。更全面一点讲,年经济效益与复种面积、配茬(或组合)模式、栽培制度和方式、空间利用、单位面积产量、产品售价和经营管理等因素密切相关。

## 1. 适当增加复种指数

增加复种指数,发挥空间作用,是提高大棚年经济效益的重要措施(表 17)。

**表 17　不同复种指数与年经济效益**

| 复种指数 | Ⅰ模式<br>361 | Ⅱ模式<br>113 | Ⅰ比Ⅱ增加率<br>(％) |
|---|---|---|---|
| 年总产量(千克/棚) | 2351.69 | 1685.00 | 39.56 |
| 年总产值(元/棚) | 21404.45 | 13780.00 | 55.33 |
| 年净利(元) | 9329.30 | 5481.00 | 70.21 |

注:Ⅰ模式为香菇—草菇—金针菇;Ⅱ模式为香菇—草菇—毛木耳—金针菇

表 17 结果说明,Ⅰ模式比Ⅱ模式总产量高 39.56％,年产值高 55.33％,年净利高 70.21％。

## 2. 科学组合栽培模式

在组合栽培模式中,正确选择菇的种类,也是提高年经济效益不可忽视的因素(表 18)。

**表 18　模式中不同组合菇类与经济效益**

| 复种指数 | Ⅰ模式<br>361 | Ⅲ模式<br>361 | Ⅰ比Ⅲ增加率<br>(％) |
|---|---|---|---|
| 年总产量(千克/棚) | 2351.69 | 1913.13 | 22.92 |
| 年总产值(元/棚) | 21404.45 | 10465.00 | 104.53 |
| 年净利(元) | 9329.30 | 6016.10 | 55.07 |

注:Ⅰ模式为香菇—草菇—金针菇;Ⅲ模式为蘑菇—草菇—金针菇

上表表明,复种指数相同,但模式中组合品种不一样,经济效益也有差异。由于Ⅰ模式中主要是香菇,Ⅲ模式中主要是蘑菇。香菇售价和产量均比蘑菇高,所以Ⅰ模式年产量比Ⅲ模式高 22.92％,年产值高 104.53％,年利高 55.07％。

在组合模式中,各类菇的平均售价相同时,单位面积产量越高,其产值也相应增高,年经济效益也高。在上海市场上(1990年),香菇、金针菇、蘑菇、草菇、毛木耳等5种菇以香菇的售价最高,为5～7.38元/千克鲜菇;其次是金针菇,平均售价为5元/千克鲜菇。凡有香菇的组合模式年经济效益就高。售价的高低还与季节、时机有关,如国庆节等节日前的售价明显高于平时。因此,要不失时机地抓住这些节日上市销售。

在栽培模式中有两个概念:一是在菇房(棚)内全年都栽培食用菌;二是菇菜粮换茬、间套栽培。全年栽培食用菌的模式中,又分为不同菇类的组合模式和同一种菇、不同菌株的组合模式。

(1)不同菇类的组合模式举例

第一,凤尾菇(9月至10月中旬)→平菇(10月下旬至12月)→金针菇(1月初至2月)→凤尾菇(3月初至5月中旬)→草菇(6～8月)[1]。

第二,香菇(9月下旬至翌年6月中旬)→平菇(10月中旬至翌年5月)→草菇(6月下旬至10月中旬)→金针菇(10月中旬至翌年2月)→猴头菇(2月至4月中旬,10月下旬至12月上旬)[2]。

第三,长短组合模式:草菇(7月)→草菇(8月)→香菇(9月至翌年6月)[3]。

第四,中短组合模式:银耳(5月10日至6月25日)→草菇(7月5～30日)→草菇(8月8日至9月5日)→银耳(9月

---

① 陈启武,1985年于湖北江陵提出;②蒋时察,1988年于江苏常州提出;③朱兰宝等,1989年于武汉提出;④杨瑞长,1982年于上海提出。

19日至10月21日)→平菇(11月20日至12月20日)→金针菇(12月25日至翌年2月8日)→金针菇(2月12日至3月25日)→银耳(4月1日至5月5日)③。

第五,短短组合模式:银耳(5月至6月25日)→草菇(6月10日至7月5日)→草菇(8月10日至9月10日)→银耳(9月25日至10月30日)→金针菇(11月10日至12月20日)→金针菇(12月25日至翌年2月8日)→金针菇(2月12日至3月25日)→银耳(4月1日至5月5日)③。

第六,香菇(10月上旬至翌年5月)→草菇(6月中旬至7月10日)→草菇(7月20日至8月中旬)④。

第七,蘑菇(9月上旬至翌年5月)→草菇(6月中旬至7月中旬)→草菇(7月25日至8月中旬)④。

第八,金针菇(12月下旬至翌年2月)→毛木耳(3月中旬至6月)→草菇(7月初至25日)→草菇(8月5～31日)→毛木耳(9～11月)④。

(2)同一种菇不同菌株(品系)的组合模式举例　笔者根据李伯迈等人报道材料,归纳为以下几种平菇不同菌株的组合模式。

第一,低温型菌株,如美味侧耳、糙皮侧耳、黔平1号、黔平2号,一般在9月下旬至10月上旬播种,翌年4月中旬结束,收获3～6潮菇,生物学效率达90%～150%。

第二,中温型菌株,如凤尾菇、佛罗里达、中蔬10号、华丽平菇等,秋季栽培,在8月下旬至9月上旬播种,翌年4月中旬结束,可收4～6潮菇,生物学效率达100%～190%;早春栽培,在3月上中旬播种,6月中旬结束,可收3～5潮菇,生物学效率可达90%～140%。

第三,高温型菌株,如侧5,HP₁,可于6～9月份播种,生物学效率可达 100%～180%。

（3）菇菜粮周年栽培模式

①西红柿、玉米、木耳、平菇等组合模式　栽培的方法是做畦,低畦宽 1 米,高畦宽 40 厘米。3 月中旬在低畦内栽 2 行西红柿,行距 40 厘米,株距 23 厘米;4 月下旬在高畦上种 2 行玉米,行距 20 厘米,株距 20 厘米。6 月中旬西红柿收后,在距玉米 10 厘米处各挖 1 条宽 25 厘米、深 10 厘米的畦沟。每条沟里放 2 行黄背木耳栽培瓶,瓶距 3～5 厘米,上面覆盖 1 厘米厚土,共投料 400 千克。10 月上旬玉米收后,把木耳栽培瓶挖出,中旬进行大棚内平菇(北平 2 号)装袋发菌(棉籽壳料分 3 层,菌种分 4 层,种量占 10%),投料 3 000 千克,装好的袋按南北行向堆放,每行堆高 1.5 米,行间走道宽 1 米。

这种栽培模式,每 667 平方米收西红柿 1 500 千克,价值 1 700 元;玉米产量 150 千克,价值 75 元;木耳采收 500 千克,价值 1 500 元;平菇采收 2 500 千克,价值 5 000 元。总产值为 8 275 元,扣除成本 2 745 元,净收入 5 530 元。确实是一种高效益农业。

②菇、瓜、豆栽培模式　该模式是一年栽培两季平菇,套种一季瓜、豆。即秋季进行平菇生料阳畦栽培,夏季在瓜、豆塑料棚(面积为 6 米×30 米)下套种高温型平菇。瓜、豆(丝瓜、扁豆和豇豆)在 3 月上旬育苗,4 月中旬移栽,覆盖地膜,瓜、豆间作,667 平方米可栽 450 穴。夏季瓜、豆棚下早期套种华丽平菇,后期栽培侧 5、凤尾菇等。华丽平菇 1 月中旬制种,$HP_1$、凤尾菇在 2 月上中旬制种,5 月排放袋出菇。床式栽培每 667 平方米投放 7 000 袋,墙式栽培每 667 平方米投放 18 000 袋。每 667 平方米产菇、瓜、豆 2 万千克,收益 1.5 万元以上。显然是一种更高效益的农业。

③瓜、茄栽培模式 番茄或黄瓜(2～6月)→草菇→草菇(7月至9月上旬)→芹菜(10～12月)。

综上所述,栽培模式的确定,主要以菇类应与当地气候条件相适应,市场的需求和消费习惯为依据,即当地消费者喜欢吃什么食用菌,市场什么菇紧俏。只有抓住食用菌淡季,紧俏菇才能卖出好价钱。如上海地区消费者喜欢吃香菇,不太喜欢吃平菇,所以香菇售价比平菇高得多。长江以北地区,平菇能售出好价钱,个别地区有的季节平菇比香菇售价还高。

我国风俗重视五一、十一、元旦和春节四大节日,特别是春节期间市场对食用菌需量较大。因此,食用菌周年生产,均衡上市,重点保证,这应成为栽培者的经营思想。

除考虑国内市场之外,还必须跟踪国际市场的需求,争取更多的优质菇出口,为国家创汇多作贡献。

**3. 选定栽培制度和方式**

在食用菌的栽培业中已形成了两种栽培制度,多种栽培方式。所谓栽培制度就是单区制和双区制。栽培的单区制是指制种(或播种后的发菌)和栽培出菇在同一个菇房;栽培的双区制是指制种或播种后的发菌是一间培养房,栽培出菇是另一间菇房,即温室培养菌种,棚内栽培出菇。单区制复种指数较低,双区制复种指数较高,但后者要有较多的培养房及设备。我国的蘑菇栽培均采用单区制,国外现代菇场均采用双区制。

栽培方式指的是袋栽还是块栽,是箱栽还是瓶栽,是阳畦栽还是床架栽等。栽培方式多种多样,可因地制宜选用。

栽培方式的选择,首先要求简便、省力、高产优质。还要考虑菇类、季节、地区的不同,具体情况具体选定。如香菇栽培有块栽、筒栽、袋栽和段木栽等方式。平原干旱区以块栽为宜,有利于保湿;山区多阔叶林地区,以段木和人造菇木栽(筒栽)为宜;大规模栽培,当地气候温暖湿润,可选用袋(菌包)栽培方式。平菇菌丝生长速度较快,抗逆性较强,在室内可用床栽,在室外可用阳畦栽培,袋栽室内外均可。银耳、黑木耳(毛木耳)除段木栽培外,代料栽培也很适应。蘑菇、草菇长期习惯床栽,在国外也采用浅箱叠栽和袋栽(每袋装 3/4 的料,重30~40 千克),工艺也比较完善、规范化。总之,木生菇类,如香菇、银耳、黑木耳、毛木耳、金针菇等采用袋栽、人造菇木栽培,已成为常规方式。草生菇,如蘑菇、草菇等基本上是床栽方式。平菇室外阳畦栽培,室内床栽培及块栽培和袋栽培均能获得较高的产量。

笔者以香菇 8001 为供试品种,对栽培方式与产量的关系进行了比较试验,并从两个方面作了比较分析(表 19,表 20)。

表 19  袋栽和块栽在相同面积条件下的产量比较

| 栽培方式 | 重 复 数 | | | | | 合 计 | 小区产量 |
|---|---|---|---|---|---|---|---|
| | 1 | 2 | 3 | 4 | 5 | | |
| 袋 栽<br>(千克/1.67 平方米) | 31.74 | 46.22 | 38.23 | 40.05 | 38.72 | 194.96 | 38.99 |
| 块 栽<br>(千克/1.67 平方米) | 33.21 | 27.14 | 25.19 | 24.77 | 28.63 | 135.94 | 27.19 |

表 20  袋栽和块栽在相等培养料条件下的产量比较

| 栽培方式 | 重 复 数 | | | | | 合 计 | 小区产量 |
|---|---|---|---|---|---|---|---|
| | 1 | 2 | 3 | 4 | 5 | | |
| 袋 栽<br>(千克/18 千克干料) | 11.70 | 17.33 | 14.40 | 14.85 | 14.40 | 72.68 | 14.54 |
| 块 栽<br>(千克/18 千克干料) | 19.88 | 16.25 | 15.08 | 14.84 | 15.35 | 81.39 | 16.29 |

表 19,表 20 有两层含义:即栽培面积相同,栽培方式不

同,袋栽小区比块栽小区的鲜菇产量高出 11.8 千克,这是由于袋栽小区比块栽小区可多排放 45 袋的缘故;当培养料相等,则是块栽培比袋栽培产量高 1.75 千克,因为块栽培结菇表面积比袋栽培的大,袋栽培比块栽培的第一批菇早收 14天,因为压块过程中菌丝受伤,菌丝有一个愈合转色过程,袋栽培没有重新愈合过程,所以出菇早一些。

**4. 合理利用空间**

实行床架多层栽培可以提高单位面积的空间利用率,年总产量和经济效益较高,对现代化蘑菇场是适用的。但投资较大,栽培管理和采收运输不方便。对香菇来说,地面栽培只有 50%~60% 的利用面积,栽培管理、采收运输方便、投资省。虽然年总产量没有床架栽培的高,但年经济效益并不差。

空间利用的合理性,主要以年总产量来衡量。笔者以香菇为供试品种,对大棚空间栽培面积的合理利用进行了比较试验。大棚的规格为 6 米×30 米,栽培利用面积分别设 325平方米、121.5 平方米和 92.5 平方米(相当 50% 利用面积),其产量分别为 3 347.5 千克/年、1 490.48 千克/年和 1 250 千克/年。虽然 121.5 平方米与 325 平方米的单位面积产量很接近,但因后者比前者复种指数高,所以总产量高 1.25 倍,325 平方米空间利用面积可视为合理的栽培面积。

蘑菇的栽培中,空间的合理利用是以栽培料的总体积占菇房空间体积的百分比来表示,一般要求不超过 20%。这是因为栽培空间体积占有得越大,培养料的量就越多,菌丝体生长量也越大,呼吸产生的热量和二氧化碳浓度就猛增,使菇房温度升高,菇便会受二氧化碳超浓度的毒害。

**5. 重视提高单位面积产量的有关因素**

食用菌单位面积的产量是由综合因素作用的结果。除前面论述过的品种合理搭配、栽培方式和空间合理利用等因素外,还受到菌种、菌龄(表21)、培养料数质量以及栽培过程中水、湿、气、光的调控,病虫害等因素的制约。

表 21 菌种菌龄与产量的关系

| 不同菌龄(天) | 香菇 7402 | | | 香菇 8001 | | |
|---|---|---|---|---|---|---|
| | 小区面积(平方米) | 鲜菇产量(千克/平方米) | 生物效率(%) | 小区面积(平方米) | 鲜菇产量(千克/平方米) | 生物效率(%) |
| 70 | 2.44 | 15.96 | 118.22 | 2.44 | 13.39 | 99.19 |
| 80 | 2.01 | 14.70 | 117.00 | 2.67 | 18.83 | 139.48 |
| 90 | 2.44 | 14.67 | 108.67 | 2.67 | 19.08 | 141.33 |

(1)不同菌株、不同菌龄与产量的关系 表21结果说明,香菇7402和香菇8001均采用块栽方式,前者70天菌龄压块栽培产量最高,后者90天菌龄压块栽培产量最高。还说明栽培方式相同,季节相同,菌株不同,产量差异较大。如香菇8001每平方米鲜菇最高产量为19.08千克。香菇7402每平方米鲜菇最高产量为15.96千克,两者相差3.12千克。因此中高温型的香菇菌株比较适合大棚内栽培。

(2)不同栽培期和不同栽培季节与产量的关系 供试品种香菇8001,菌龄90天。10月15日进棚栽培,平均1平方米产鲜菇19.08千克。10月31日进棚栽培,平均1平方米产鲜菇10.88千克。前者比后者产量高75.36%。这些事例说明,适时进棚栽培是增产的重要因素。

供试香菇7402,进行春(3~4月)秋(9月23日至11月)两季栽培,其鲜菇的产量明显不同。秋栽每平方米产鲜香菇15.39千克,春栽每平方米产鲜香菇只有5.61千克。前者比后者鲜菇产量高174%。因秋季气温走向是从高向低渐降,有利于变温结实,易达到高产;春季气温走向是从低向高渐升,不利于变温结实,使产量偏低,质量也不及秋菇。

（3）培养料用量与产量的关系　培养料（基质）是食用菌生长发育好坏的基础。培养料的用量与产量高低有密切的关系。生产 1 千克蘑菇,消耗 220 克的干物质,其中 41% 的干物质用于构成菇体,另 59% 的干物质作为能源消耗掉了。

德国汉堡马科斯派兰克研究所做了一个有趣的试验,即用 8 个浅箱装等量的料,当蘑菇菌丝走满（或菌丝发好）后,把其中 4 个箱的培养料重叠起来,收菇后,发现重叠的培养料所产的菇量差不多达到了其他 4 箱菇产量的总和。荷兰维德（1978）做了更系统更加数量化的研究,即蘑菇单产和培养料用量的关系。在荷兰选择最经济用料量为 100～120 千克/平方米,经发酵后压实到厚 15～20 厘米。韩国铺料厚达 30～40 厘米。我国菇床装料 50～60 千克/平方米,厚 10～12 厘米。一般料多料层厚,产量就高。但料厚在自然条件下易产生热害。因此,我国菇农均采用薄料层。有的菇农也采用厚料层,一般加强降温管理或推迟播种。

**6. 搞好产品的经营管理**

所谓经营好坏主要是生产计划安排和市场销售均衡协调,做到人家没有我有,人家有我优质,这样就能卖好价钱,效益就好。笔者比较了专业户、集体单位和事业单位的生产经营所获经济效益,结果是专业户获得年经济效益最高,为 11 038.2 元/年/棚;其次是集体单位,获得的年经济效益为 9 329.3 元/年/棚;事业单位获得的年经济效益为 5 481 元/年/棚。凡是经营管理好者,年成本就低,经济效益就高。在生产经营管理上降低成本,是有潜力可挖的。

# 第五章　食用菌的制种技术和菌种保藏

## 一、制种技术

什么是菌种呢？正确的称呼应叫菌种体，因为它是由菌丝体和培养基所组成。

在野生和半人工栽培时期，一直借助自然力接种，即孢子靠风力传播，只有遇到适宜的环境才萌发，长出菌丝，菌丝蔓延辐射四周，直到形成子实体（菇）。故成功率很低，人们得不到需要的产量。自从科学家掌握了纯种培养技术以后，人工栽培技术就得到了迅速发展，人们对食用菌日益增长的需求逐渐得到了满足。因此，我们必须掌握、提高制种技术，加强菌种保质管理，以保证食用菌产量及质量的不断提高。

### (一)菌种的类型及质检标准

### 1. 菌种类型

由于食用菌生产的目的性、生产程序不同，通常把菌种分为母种（一级种）、原种（二级种）、栽培种（三级种）（图 19）。栽培种包括直接用于播种和栽培的瓶装种、袋装种。

(1)母种　直接从子实体组织或孢子或菇木分离、纯化培养的菌丝体。菌种采用试管培养，一般培养 10～14 天。1 管母种接原种 4～6 瓶。

(2)原种　将母种移植到木屑、秸秆、棉籽壳等为主料配制的培养基上,生长蔓延于培养基中的菌丝体。原种采用 750 毫升玻璃瓶培养。通常培养 30～60 天。一瓶原种接栽培种 40～60 袋,或直接播种于菇床,每平方米用种 2～3 瓶(图 20)。

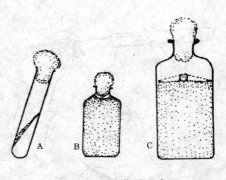

**图 19　三级菌种形态**
A. 母种(试管)　B. 原种(菌瓶)
C. 栽培种(菌袋)

(3)栽培种　由原种移植培养而成,常采用 17 厘米×33 厘米,15 厘米×55 厘米的塑袋培养,一般需要 25～120 天,依食用菌种类而定。

**2. 质检标准**

优良菌种应含两层意思:一是菌种本身具高产(生物学效率高),优质(形、色、味佳),生活力强,抗逆性强等优良性状;二是在适宜培养基上久藏不变,又无病虫害,转接后萌发吃料快。

**(二)菌种制作**

**1. 工艺流程**

各级菌种的制作工艺流程基本相同,如选种、备料、培养料配制、分装、灭菌、接种、培养、质检、保藏(或出售)等。其中菌种培养基配制、灭菌、接种、培养、质检等是制种的关键。

**2. 制种季节**

何时制种为最佳,必须以适时栽培季节为依据提前安排。制种过早,菌龄过长,菌丝老化,接种或播种后长势差,导致杂

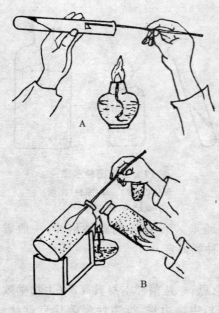

**图 20　三级菌种接种**
A. 母种接种　B. 原种接种

菌滋生;制种过晚,不能适时接种或播种,延误栽培期。此外,还要依据地区的经纬度、海拔高度、菇类的生长特性而定。母种长满管需 5～21 天,原种长满瓶需 30～60 天,栽培种各菇类有所差异。分别介绍如下。

(1)香菇　以制筒期为例,转色期最佳温度 19℃～23℃(相应的月份)为准,逆时向前推算 60 天(早熟种)至 80 天(晚熟种)为适宜的制种期。福建的香菇产区,高海拔(800 米以上)地区,7 月下旬制筒;中海拔(500～800 米)地区,8 月中旬至 9 月上旬制筒;低海拔(300 米以下)地区,9 月上旬制筒。上海地区,香菇秋栽 5～6 月制筒(袋),春栽 8～9 月制筒(袋)。

(2)双孢蘑菇　以播种床栽为例,即当气温稳定在22℃～24℃的月份,逆时向前推算 20 天(麦粒种)至 60 天(粪草种)。在自然气温条件下,江浙一带在 5 月上旬至 6 月下旬制粪草栽培种,闽北在 7 月中旬至 8 月上旬制种。麦粒种比粪草种晚 1 个月左右。

（3）平菇　以床栽（生料）和袋栽（熟料）为例，以不同温型菌株（低温型2℃～20℃，中温型15℃～27℃，高温型22℃～30℃）子实体形成的月份为准，逆时向前推算40～60天，为生料和熟料栽培的制种期。

（4）金针菇　子实体形成要求的气温8℃～19℃（黄色菌株），6℃～18℃（白色菌株），与该气温相应的月份逆时向前推算25～30天。江浙一带于10月上中旬至12月可以分期制菌袋。福建北部地区11～12月份分期制菌袋。

（5）木耳　子实体发育适宜温度为22℃～24℃。福建3～5月为春栽，12月初至翌年3月中旬出耳，由此逆时向前推算35～40天。在上海地区一年可栽培两茬，上半年2月份制种，3月下旬栽培，5月份结束。下半年8月下旬制种，10月上旬栽培，11月下旬结束。

毛木耳比黑木耳较耐高温，气温稳定在24℃～28℃开始制种，18℃～24℃出耳。由此逆时向前推算60天左右为适宜制种期。总之，毛木耳上半年比黑木耳推迟半个月，下半年可提早半个月。

（6）银耳　待气温稳定到22℃以下制种。福州地区春栽4月下旬制筒，5月中旬出耳；秋栽9月中下旬制筒，10月上旬出耳。菌龄25～30天。

（7）草菇　子实体形成适温28℃～33℃。福建地区4月下旬至6月中旬，8月上旬至10月上旬进行多茬栽培，菌种龄15～30天；上海地区适宜季节为6月中旬至9月中旬，可栽培3～4茬，5月下旬至7月中旬均可制种。

（8）猴头菇　子实体生长发育气温为16℃～20℃，从制种到栽培为26～35天。上海地区适宜制种季节为10月上旬，11月上中旬栽培出菇，翌年3月上中旬结束，全生育期为

100 天。东北地区在立夏至芒种,白露至寒露栽培,由此逆时向前推算 26～35 天即为制种期。

(9)滑菇 属低温结实菇,采用半熟料栽培。因此,必须在低温下(10℃左右)制种,经过春夏发菌,累积充足的营养,有利出菇。在东北地区 3～4 月制种,9 月至翌年 1 月采收。

(10)竹荪 棘托竹荪在我国南方于 5～6 月播种,当年仲秋采收。北方在 3～5 月播种,6～10 月采收。由此向前推算制种期,栽培种为 40～60 天(培养温度室温 20℃～25℃,自然温度 15℃～20℃),原种 35～70 天(培养温度 20℃～22℃),母种 25～35 天长满管。长裙竹荪(成球为 20℃以上),播种期比棘托竹荪早 10～15 天,制种期也应提早 10～15 天。

### 3. 选　种

每一种菇都有许多品系,每一品系经过一定代数的定向选种后又可能形成新的品种(即系列菌株)。不同品系的种对环境条件的要求和产量、质量性状往往会有很大差别。有些适宜于较高温度,有些适宜于较低温度;有的耐湿,有的不耐湿。有的结菇性能强,产量高;有的结菇性能差,产量较低。菇的质量也会有不同。蘑菇菌种沪农 1 号、沪农 2 号是同一菌株上分离获得的菌种,但其对生长条件的要求和生长特性有很大差别。前者,子实体适宜生长温度 16℃～18℃,耐湿,结菇性能强,产量高,但子实体色较暗,含水量高,质量稍差;后者的子实体适宜生长温度 14℃～16℃,出菇时覆土层含水量不能太高,不耐湿,结菇性能差,产量较低,但菇质致密,含水量低,色白,质量好。

菌种性状的优劣,从菌丝形态上一般不能判断,但某些形态特征也可作为菌种初选时的参考指标之一。菌丝稀、粗,基质内的菌丝较为发达,气生菌丝较不发达的菌株,结菇性能可能较强,产量高;基质内菌丝少的菌株,结菇性能可能较差,产量低。菌落的外表特征只能作为评选菌种的一个参考,在大规模栽培之前,必须对所选择的菌种进行认真的出菇栽培试验,明确其特征和产量性状后方可正式应用。

(1)菌种选购须知 我国食用菌生产专业户主要购买母种和原种,栽培种自己制作。为了购买到优质高产的菌种,首先必须对全国菌种生产经营厂家的技术力量、设备条件、交通条件、服务态度、菌种的质量等作一个全面比较后再决定到哪家去购买。购买时按照各级菌种优质标准选购,定会使你满意而归。

(2)母种的选购 要做到"三看、一闻":一看琼脂斜面培养基的前端是否干涸收缩并与壁分离,要选购没有干涸收缩和与壁分离的母种。二看菌丝的颜色、长势是不是代表每个菌种特性,选购生长浓密、粗壮,菌丝前端整齐,无长短齿状现象,无黄色水珠、菌被的母种。三看出菇试验的结果。这是由于有的菌种生产经营者责任心不强或一时疏忽,将菌种名称标签贴错,造成"张冠李戴"出售。也有的将新培育出的、未经严格出菇试验的新种向用户出售。所以,为了减少生产上的损失,应于生产前必须先做出菇试验,能较好出菇者,再放心使用。一闻就是拿起菌种在管(瓶)口棉塞处闻闻,有特异的香味,无霉臭味,说明无杂菌污染,方可选用。

(3)原种的选购 既要看菌种的共性,又要看各菌种的个性。如木腐菌类,除银耳外,从外观看,菌丝体洁白、浓密、粗壮,均匀无花斑,菌丝分解培养料变成淡黄色者为佳。若菌丝料与瓶(袋)壁分离,说明培养时间长,料干、菌丝老化;瓶底出现黄色水,说明菌种完全老化,均不要选购。种瓶中部木屑仍为棕褐色,说明培养时间过短,木屑未分解,可购买回家后继续培养一段时间再使用。种瓶(袋)较重,菌丝前沿密集,生长停滞,有明显抑制线或不规则的斑块,这是培养料过湿或有杂菌感染,也不要购买。

除此以外,由于培养室光线太强,菌丝受光刺激,可出现各种异常现象。如香菇菌丝在培养基表面出现浓密褐色原基菌膜或酱油色的液滴;黑木耳在培养基表面出现淡褐色的胶块;毛木耳出现红褐色脑状的胶块;平菇出现珊瑚状原基;猴头菇菌丝在瓶内反折向蔓延,爬壁力极强,甚至穿出棉塞形成子实体。有上述这些异常现象的菌种不能购买。

**4. 培养室和培养架**

(1)培养室　室内地面应比室外地面高 60 厘米以上,多雨季节培养室可保持干燥,杂菌不易滋生。培养室的一端要多设窗户,一般为 4 扇。窗户多,大清扫、干燥通风方便。培养室与前后房子的距离应为 15 米以上,距离过小,培养室通风性能往往不良。

培养室四周 20 米以内不可存放米糠、麸皮、棉籽壳、菜籽饼、豆饼等易生螨的饲料和烂草,也不可有猪、鸡、鸭棚(舍),以免产生螨和其他害虫。培养室外要求平整,不积水,清洁。

(2)培养架　多层,层距 55 厘米左右,架面要平。一间培养室放 3 床培养架,两侧靠墙各置 1 床,中间置 1 床。两侧培养架床宽 50~60 厘米,中间培养架床宽 1 米左右,架与架之间的走道宽 70 厘米左右。

**5. 培养料**

(1)菌类对基质的要求　食用菌有木腐菌和草腐菌两种类型。在野生状态时,前者只生长在腐朽木材上,它们在含有丰富木质纤维素的培养基上生长较好;后者只长在粪、烂草、土中,要求含纤维素丰富的培养料。在人工培养时,木腐菌也能在草腐菌的培养料上生长,如利用稻草、玉米秆、麦秆、野草栽培平菇、木耳;草腐菌则很难在以木质纤维素为主的木屑培养基上生长。棉籽壳、废棉既是木腐菌的良好培养基,也是某些草腐菌的良好培养基。用棉籽壳栽培草菇、香菇、平菇、猴头菇、灵芝等各种食用菌产量特别高,但风味都较差。

①木腐菌菌种对培养料的要求　木腐菌是在富含木质素材料上生长的菌,如香菇、木耳等。这些菌在野生状态时都长于死树上,在人工培养时,也可在富含纤维素的禾木科草上培养。在死树上生长时,生长速度较慢,产量也较低。段木栽培香菇,每500千克段木只能产干香菇1千克左右,但在人工配制的培养基上,每500千克培养料可产干香菇4～5千克。野生生长时,木腐菌的菌丝先是从树皮下的形成层开始生长的,树干形成层部分蛋白质养分最为丰富,纯木屑的养分远不及形成层部分的营养成分多,所以用木屑或棉籽壳等木质素含量多、蛋白质含量较少的材料做木腐菌培养基时,需加蛋白质含量丰富的麸皮、米糠、玉米粉、豆饼、菜籽饼等材料。原种、栽培种对培养基的要求基本相同。可作木腐菌的菌种培养基的原料有:木屑、棉籽壳、废棉、甘蔗渣、稻草、麦秆、酒糟、玉米秆、玉米芯、中药渣、各种野草、棉花秆、豆秆、花生壳、菜籽饼、豆饼、花生饼、磷酸二氢钾、磷酸氢二钾、硫酸镁、硫酸钙(即石膏)、碳酸钙、麦粒等。木屑要求不含树脂和芳香族类杀菌物质。针叶树(松、杉、柏)和阔叶树中的桉、樟树屑含有树脂和芳香族杀菌物质,对菌丝生长有抑制作用,不能应用。不过这些杀菌物质在木屑存放过程中会自然挥发,在发酵堆制时挥发更快,所以,若没有纯的阔叶树木屑,也可将针叶树木屑经过一定处理之后应用。处理方法是在针叶树木屑堆上浇水,

使含水量达 50%左右,堆 3 个月以上时间,堆高 1 米左右。然后,扒开,摊晒至干,重新堆拢保存。经过堆制发酵的木屑,其树脂等杀菌物质大部分挥发掉,这时再混入 50%阔叶树屑即可应用。纯阔叶树木屑,经半年至 1 年的堆积或发酵后再做培养料,其所培养的菌种、菌丝生长也较好。甘蔗渣、棉籽壳、稻草、麦草等原料,其组织结构较木屑松,菌丝分解吸收较为容易,同时也容易霉烂,所以不宜存放时间过长,新鲜的比存放过的好。存放时也必须干燥放存,不可受潮、淋雨而生霉。米糠、麸皮、玉米粉、豆饼等材料易变质,更不可久贮。

②草腐菌菌种对培养料的要求 草腐菌是在发酵过的腐草上生长的菌,如蘑菇、草菇。可作为草腐菌培养料的原料有稻草、麦草、各种野草、棉籽壳、废棉、麦粒、麸皮、米糠、畜禽粪、碳酸钙、硫酸钙、磷酸二氢钾、磷酸氢二钾、硫酸镁等。稻草、麦秆、废棉、棉籽壳、玉米秆等原料,存放时间都不宜过长。新鲜的稻草、麦秆、玉米秆、畜禽粪等原料,堆制发酵时料温高,发酵后有害杂菌少,培养料也容易被菌种吸收利用。培养原料存放时还必须防止雨淋受潮,不可霉变。畜禽粪需新鲜时晒干、敲碎,干燥贮存。晒干过程中尽量不让雨淋、产热,保护可溶性养分不流失。

(2)木腐菌培养基的配制

①棉籽壳培养料 棉籽壳 99%,石膏粉或石灰粉 1%,含水量 58%。适用于草菇、灵芝、蘑菇等多种食用菌。

②木屑、米糠培养料 木屑 78%,米糠或麸皮 20%,石膏粉 1%,蔗糖 1%,含水量 58%。适宜于各种木腐菌制种。

③棉籽壳、木屑培养料 棉籽壳 40%,杂木屑 40%,麸皮或米糠 18%,石膏粉和蔗糖各 1%,含水量 60%。适宜于各种木腐菌。

④木屑、竹屑培养基　木屑58%,竹屑或竹片10%,酸性土(黄土,pH值4.5～5.5)10%,麸皮20%,石膏粉2%,含水量60%。适宜于培养竹荪菌种。

(3)草腐菌培养料的配制

①蘑菇菌种培养料　大多要经过发酵后才可配制。

第一,粪草培养料。原料为干麦草5 000千克,干的碎猪粪或牛粪5 000千克,石膏粉100千克。首先将麦秆截为两段,然后随便堆拢,在堆上浇水,边浇水边踩踏,尽量使麦秆吸足水分、变软。再堆制发酵,堆大小为宽2米,长不限。堆时一层湿草,一层干粪交替往上堆。草每层厚20厘米左右,粪每层厚度以盖没草为限。堆到第三层后,每层草上都要浇水,下面几层少浇,上面几层多浇,5 000千克粪、草料,加水5 000升左右。堆好后,堆基应有少量水渗出。堆高1.6米左右,堆四周壁要整齐、垂直,顶部呈龟背形。堆好后,堆顶部及四周用草帘覆盖,防止雨淋和表面水分散发。水分掌握适当,堆制后3～4天堆温即可达70℃左右,8～9天后翻堆;把粪、草抖松拌匀,上层和底层的料翻到中间,里层的料翻到底层和上层,使培养料均匀发酵。见干的地方补浇水分,含水量要求达62%左右,用手紧握时有3～4滴水滴下。第一次翻堆时应均匀向堆中加入石膏粉,其用量为粪、草干重的1%左右。重堆的堆其大小为宽1.8米左右,高1.5米,长不限。堆顶部和四周仍用草帘覆盖。正常情况下,第三天时堆温应达70℃以上,如堆温不高,可能是水分不够,可提前翻堆,补充水分。5～6天后做第二次翻堆,翻堆方法同前,不再加石膏粉,含水量62%左右,用手紧握时见到有水滴即可。堆大小为宽1.6米,高1.4米,长不限,四周及顶部仍用草帘覆盖。继续堆制4～5天,发酵即可结束。发酵后的粪草应呈褐色,无粪臭。

然后把粪草摊开、晒干,并将发酵过的麦草截成 2 厘米左右长。粪、草分开贮存、备用,其间不可受潮。

第二,河泥、牛粪培养料。取晒干、敲碎的猪、牛粪和肥沃的河泥各 1 桶,加 1%过磷酸钙混合、拌匀,然后堆制成基部直径约 1 米、高 1 米左右的馒头状堆。自然发酵 1 周,然后摊开、晒干、粉碎、贮存。

第三,棉籽壳培养料。棉籽壳 50 千克,加水 165 升,拌和,堆制成堆。堆宽 1.5 米,高 1.2 米,长不限。建堆 5 天后翻堆。继续发酵 3 天,然后晒干、贮存。

棉籽壳也可不经发酵,直接制蘑菇、草菇种。

②培养料配制

第一,粪草培养料。发酵的麦草 80 千克,畜粪 20 千克,石膏粉 1 千克,水 130～140 升(适用于制蘑菇菌种)。

第二,河泥、牛粪培养料。发酵过的干河泥牛粪料 97%,石灰粉 3%,含水量 50%(适用于蘑菇制种)。

第三,砻糠、粪土培养料。按体积比,砻糠、发酵过的干畜粪、肥沃的细土各 1/3,另加石膏粉 2%,石灰粉 1%,含水量 60%(适用于蘑菇制种)。

第四,棉籽壳培养料。发酵或未经发酵的棉籽壳 93%,麸皮 5%,石灰粉 2%,含水量 60%(适用于蘑菇和草菇菌种)。

第五,稻草培养料。新鲜干稻草 97%,过磷酸钙 1%,石膏粉 1%,硫酸铵 1%,含水量 60%(适用于草菇制种)。

第六,麦粒培养基。大麦或小麦粒,浸水或水煮到种皮将破而未破,无白心止(适用于各种菌)。

发酵的畜粪和泥土在拌料和装入瓶中之前,应先用筛子过筛,将块状物捡去。

培养料含水量要求视原料致密度而定。密度小、比重轻的原料含水量应高,如甘蔗渣培养基适宜含水量应为70%～72%;致密度一般的原料含水量应稍低,如木屑米糠培养基、棉籽壳培养基、粪草蘑菇培养料含水量应为58%～60%。原料较致密的粪土培养料含水量应为50%左右。含水量过高,菌丝容易衰老,尤其是在高温条件下,菌丝生长慢;含水量过低,菌丝生长更慢,且细弱。

**6. 菌种容器和规格**

菌种容器有玻璃的菌种瓶和塑料的菌种袋。

(1)菌种瓶  烧制时回过火的玻璃瓶,耐294.2千帕蒸汽压灭菌,瓶口直径2.8厘米,颈长3厘米,瓶身直径9厘米,容积750毫升。

(2)菌种袋  有聚丙烯和聚乙烯两种。聚乙烯薄膜袋只适用于100℃常压灭菌,聚丙烯薄膜袋既可常压灭菌又可高压灭菌。大小规格视用途而定。常用的有下列数种。

第一,折径(袋压扁后的宽度)12厘米×长27～30厘米,膜厚0.05～0.06厘米,一端封口,另一端装料后加颈套,塞棉塞,袋呈壶状,作为生产各种原种用。

第二,折径12厘米×长40厘米,膜厚0.05～0.06厘米,两端都不封口,装料后两端用线扎牢,呈棒状,作为生产灵芝、银耳等菌的栽培种用。

第三,折径15厘米×长50厘米,膜厚0.05～0.06厘米,培养料装好后,两端用线扎牢,呈棒状,作为生产香菇、木耳等培养种用。

第四,折径17厘米×长33～37厘米,膜厚0.05～0.06厘米,一端封口,培养料装好后,一端加颈套,塞棉塞,或不加颈套,将袋口贴于袋身一侧,用线或橡皮筋箍住,作为香菇、灵芝、木耳、金针菇等生产种用。袋口贴于袋身一侧的,待菌丝长至1厘米以上,菌丝生长速度因空气不足而减慢时,要轻轻脱下箍袋口的橡皮筋,袋口不动,使空气有少许进入。

**7. 装瓶、装袋和灭菌**

培养料配制好后,必须迅速装入菌种瓶或袋中,尤其是夏天若不及时装入瓶(袋)和灭菌,培养料中的各种细菌会大量生长繁殖,产生有害于食用菌生长的物质,造成菌种生长不良。

(1)装瓶、装袋要求　上下松紧一致。750毫升的菌种瓶装木屑、米糠培养料,或木屑、棉籽壳培养料,或粪、草培养料时均每瓶装400克左右;装河泥、牛粪培养料500克左右;装稻草、甘蔗渣培养料200克左右。袋装培养料和瓶装培养料松紧度相同,培养料不可过紧、过松。过紧,菌丝生长速度缓慢,灭菌不易彻底;过松,菌丝生长快,但菌丝衰老也快,不耐高温。

(2)装瓶、装袋方法　有手工和机械两种方法。

①手工方法装瓶、装袋

第一,菌筒装料。一端袋口先束拢,旋紧,再倒折,用线扎紧,然后用勺将培养料装入袋内。边装边用扁平铁钩将料压紧。装到离袋口6~7厘米为止。用清洁抹布抹去袋口里外的培养料,再用线齐培养料表面将袋口扎紧。然后,将束拢的袋口倒折,再扎紧。袋口表面培养料要紧,15厘米×50厘米的袋,每袋装干培养料0.9~1千克。如若高压灭菌,袋身上应用1.2厘米直径的锥形棒钻一至数个孔,再用胶布将孔封贴,灭菌放气时,该孔能加速袋内空气的排出,从而可避免塑料袋破裂。手工装菌筒1个劳力8小时可装250袋左右。

第二,太空包装料。先将袋的两底角用手指向里塞进,使袋底呈圆形,然后用勺将培养料装入袋内。边装边上下振动,并用扁平铁钩压料,使其有一定的松紧度。装料高度视菌种而定,香菇袋装料高度10~18厘米,每袋应装干料500克左右;金针菇袋装料高度14厘米左右,装干料450克左右。装料结束后,用扁平弯铁钩将表面培养料压平,用清洁抹布将袋口里外擦拭干净,用3.2厘米直径的颈套套于袋口外,再将伸出于颈套上部的袋口倒翻于颈套外,用橡皮筋将翻出的袋口箍住于颈套上。或不用颈套,将袋口折转,贴于袋身上用橡皮筋箍住。一个劳动力1天可装250袋左右。

第三,菌种瓶装料。用手将培养料注入瓶中,不断振动,使其达到一定松紧度,装到瓶肩为止。每瓶装干料0.2千克左右,装好后洗净瓶口内外沾粘的培养料。一个人8小时可装料350瓶左右。

②机械方法装瓶、装袋 有间隙式螺旋轴装袋机和连续冲压式装袋机两种。

第一,间隙式螺旋轴装袋机的装袋、装瓶方法。该机是由料斗、马达和送料管组成。送料管外径和塑料袋或瓶口直径相同,马达由脚踏控制开关,送料管在料斗一侧,料斗和送料管有一相连的叶片状螺旋轴。装袋、装瓶时,将预先拌好的培养料倒入斗内,将袋或瓶套于送料管外,开动马达,培养料就由叶片状螺旋轴送入袋或瓶中,操作人员用力将袋或瓶顶住,使瓶或袋内的培养料有一定的松紧度。培养料装到1/3袋量时,应将袋的两底角塞向袋内。塞的方法是一手将袋套住送料管,另一手用拇指和中指将两底角向内塞进,使袋底成圆形。装好后关闭马达,脱下塑料袋。培养料表面用瓶底压平,袋口内外用抹布擦干净。间隙式螺旋轴装袋机装袋4人1组,1天可装2 000袋左右。

第二,连续式冲压装袋机装袋方法。连续式冲压装袋机是由料斗和带有 8 个装料管的圆盘组成。料斗固定不动,斗内有一注料管,管径和做菌种的塑料袋相同,斗上有一直径和管径相同的冲压板。圆盘间隙式转动,按顺序转到 8 个固定的位置,完成一个工作顺序。具体操作方法是先将培养料送入料斗内,操作人员在第一位置的装料管上套上塑料袋,圆盘转动,装料管转到第二位置,夹具自动将袋夹于管壁上,圆盘继续转动,送料管转到第三位置,管口正好和装料斗的注料口相吻合,冲压板压下,把料斗中的培养料冲入袋内。圆盘转动,装料管转到第四位置时,夹具张开,转到第五位置时,人工将袋脱下。冲压式装袋机每袋培养料装量和松紧度都一致,表面平,装料质量好。袋口清洁,袋有破损能自动发现,速度快。4 人 1 组,1 天 8 小时可装 4 500 袋。塑料袋装料时,操作场所、盛具要求平、光、无刺,否则袋容易刺破。

搬动装有培养料的袋时要捧住袋身,轻放。

(3)塞棉塞 瓶和袋的棉塞松紧度以自然不脱落即可,不可过紧、过松。瓶口也可用完好的牛皮纸或报纸包瓶口代替棉塞。纸要用双层,用橡皮筋箍住。塑料袋口也可不用颈套或棉塞,在袋口部放一撮棉花,束拢袋口,将棉花束于袋口上,再用橡皮筋箍住。

(4)灭菌 培养料装入菌种瓶或袋后应迅速灭菌。

①灭菌的原理与影响因素 灭菌是用物理或化学的方法使微生物细胞的活性构造破坏,造成细胞失活。食用菌制种最常用的灭菌方法是高温灭菌,通过高温使细胞蛋白质凝固,酶失活,从而使细胞死亡。

高温灭菌效果受以下因素影响:一是冷空气是否彻底排尽(表 22)。二是温度高低与蒸汽压力高低(表 23)。三是灭菌时间长短。四是细胞生命状态。细胞含水量高,生命活动旺盛,杂菌就容易死亡;细胞含水量和代谢水平低,灭菌时不易死亡;休眠孢子耐高温能力最强。五是容器大小。六是培养料含水量高低。七是培养料松紧度等。

表 22  灭菌锅内冷空气对灭菌温度的影响

| 压力<br>（千帕） | 灭菌锅内温度（℃） | | | | |
|---|---|---|---|---|---|
| | 冷空气未排除 | 冷空气1/3<br>排除 | 冷空气1/2<br>排除 | 冷空气2/3<br>排除 | 冷空气排尽 |
| 34.32 | 72 | 90 | 94 | 100 | 109 |
| 68.65 | 90 | 100 | 109 | 109 | 115 |
| 107.87 | 100 | 109 | 112 | 115 | 121 |
| 111.80 | 109 | 115 | 118 | 121 | 126 |
| 171.62 | 115 | 121 | 124 | 126 | 130 |
| 205.94 | 121 | 126 | 128 | 130 | 135 |

表 23  蒸汽压力与温度的关系

| 压力<br>（千帕） | 温度<br>（℃） | 压力<br>（千帕） | 温度<br>（℃） | 压力<br>（千帕） | 温度<br>（℃） |
|---|---|---|---|---|---|
| 6.86 | 102.3 | 62.08 | 114.3 | 117.19 | 123.3 |
| 13.83 | 104.2 | 68.94 | 115.6 | 124.15 | 124.3 |
| 20.69 | 105.7 | 75.90 | 116.8 | 137.88 | 127.2 |
| 27.56 | 107.3 | 82.77 | 118.0 | 151.71 | 128.1 |
| 34.52 | 108.8 | 89.63 | 119.1 | 165.44 | 129.6 |
| 41.38 | 109.3 | 96.50 | 120.2 | 166.32 | 131.5 |
| 48.25 | 111.7 | 103.46 | 121.3 | 178.48 | 133.1 |
| 55.21 | 113.0 | 109.83 | 122.4 | 206.82 | 134.6 |

②灭菌的方法和要求  高温灭菌有高温高压灭菌和100℃常压灭菌两种。

第一,高压灭菌。在高压锅中进行。压力越高锅内温度也越高,杂菌容易被杀死,灭菌时间也可缩短。

第二,常压灭菌。是没有蒸汽压力的灭菌。因为温度只有100℃,锅内某些部位(如底角处)可能还不到100℃,所以灭菌时间要长。不耐高温的聚乙烯塑料袋要求用常压灭菌。聚丙烯塑料袋也以常压灭菌为好,高压灭菌时压力也不可过高。

灭菌要求保持足够的时间,因为锅内热量传入培养料袋或瓶中间需要一定的时间,同时菌体尤其是孢子有一定的耐温性。处于休眠状态的孢子和芽孢能耐受很高的温度,例如梭状芽孢杆菌的芽孢能在沸水中保持数分钟不死。含水量较低培养料中的杂菌孢子比含水量较高培养料中的杂菌孢子耐受的温度高(表24)。

表24　不同培养料所需灭菌时间　(小时)

| 压　力 | 粪草培养料 | | 粪土培养料 | | 木屑培养料 | | 麦　粒 |
| | 瓶装 | 17厘米袋装 | 瓶装 | 17厘米袋装 | 瓶装 | 17厘米袋装 | 瓶　装 |
|---|---|---|---|---|---|---|---|
| 常　压 | 8 | 10 | 10 | 12 | 8 | 10 | 10 |
| 147.1千帕 | 2 | 2.5 | 2 | 3 | 1.5 | 1.5 | 1.5 |
| 196.1千帕 | 1.5 | 2 | 2 | 2.5 | 1 | 1 | 1 |

蒸汽温度导入培养料中间的时间受几方面因素影响:容器大小:容器大,传热距离长,传热时间相应也长;培养料松紧度:培养料紧,料内气体流动慢,传热速度也慢;培养料含水量:含水量高,传热速度也快;培养料状态:块状物,尤其是干的块状物,热量最难进入。所以灭菌时要考虑各方面的因素(表25)。

表 25　100℃沸水浴中菌种瓶培养料的传热速度

| 处　　理 | | 100℃水浴锅中瓶中心温度(℃) | | | |
| --- | --- | --- | --- | --- | --- |
| | | 20分钟 | 40分钟 | 60分钟 | 90分钟 |
| 培养料不同松紧度 | 106克/瓶 | 89 | 95 | 98 | 99 |
| | 165克/瓶 | 65 | 90 | 95 | 99 |
| | 228克/瓶 | 56 | 85 | 93 | 99 |
| 培养料不同含水量 | 36% | 80 | 92 | 98 | 99 |
| | 52% | 65 | 85 | 98 | 99 |
| | 65% | 58 | 86 | 98 | 99 |

注:松紧度以干重计,温度测量为瓶中心

　　根据上述结果,灭菌时间长短要依据培养料松紧度、含水量、原料质量情况而定。

　　灭菌时除需考虑培养料种类和容器外,还应考虑原料中杂菌孢子的含有量。杂菌孢子数量多、有块状物的灭菌时间要相应延长。

　　高压灭菌时,升温和放气的速度要求缓慢,从排气后正式升温到达到要求的压力和压力回到零点需1小时左右。放气缓慢可减少瓶和袋的损坏率。

　　(5)灭菌后的冷却　培养料灭菌后需置于清洁、干燥的冷却室冷却,然后接种。冷却标准,夏天冷却至和室温相同,冬天冷却至30℃左右,即培养料还稍有余温时接种。冷却后马上接种可提高成品率。

　　对冷却室构造的要求:冷却室应紧靠灭菌锅和接种室。冷却室地面应比室外地面高60厘米以上,两端各有上下窗两扇,窗大小为1米×1米左右,冷却室高3米左右。室内及室外周围环境保持清洁、干燥,不使螨、蚊滋生,不堆放有机垃圾。与畜禽棚和饲料仓库至少有 20 米的距离。

**8. 菌种的接种与培养**

(1)菌种接种　就是在无菌条件下,将菌种移入到灭过菌的培养基中的过程。

接种要求在接种室、接种箱或具有其他无菌操作条件的场所进行。

①接种准备

第一,接种室准备。先将待接菌种、原种、接种工具放入接种室,空间喷洗必泰-碘络合物(15 毫升/立方米)或 5%石炭酸溶液,再开紫外线灯,关门,半小时后接种人员进入缓冲室,戴好工作帽、口罩,穿好工作衣、鞋,再入接种室接种。

第二,接种箱准备。接种前也将待接菌种、原种、接种工具放入接种箱中,用洗必泰-碘络合物喷雾或在放待接菌种时箱中同时放一空杯,杯中倒入高锰酸钾 5 克,再倒甲醛(40%)10 毫升,马上把箱门关闭,甲醛和高锰酸钾迅速起化学反应产生氧化能力极强的气体,从而把箱内杂菌杀死,半小时后接种。

第三,临时接种室准备。先用洗必泰-碘络合物喷雾或用甲醛熏蒸,方法是甲醛倒入玻璃杯内,10～15 立方米的小室用甲醛 200 毫升,置于电炉上加热蒸发,用产生的甲醛蒸汽杀死室内杂菌。甲醛蒸汽对人有强烈的刺激性,故在接种前在小室内需用氨水喷雾,喷到刚好无甲醛刺激性味为止,然后操作人员进入临时接种室内接种。

②接种操作

第一,瓶装种和太空包接种。先用浸泡于 75%酒精中的药棉擦拭手、接种工具、台板,做表面消毒。点上酒精灯,接种钩、镊子和其他接种工具于灯焰上灼烧,彻底灭菌。再拔去原种瓶塞,瓶口也在灯的火焰上烧烫。待镊子冷却,将原种瓶表面层菌丝或松散老化菌丝除去,然后再正式镊取似花生果大小菌种一块移于栽培瓶或袋中。每瓶原种可接 60～70 瓶(袋)。接种时,瓶口应靠近火焰。

第二,菌筒接种。双手、接种工具、台面同瓶装种接种一样进行表面消毒,然后用 12 毫米粗的圆锥形木棒或铁棒在袋身上按等距离钻 4～5 个接种孔,孔深约 2 厘米。将菌种从原种瓶中摄出,接入孔中。接好后,孔口用卫生胶布贴好。可两人协同操作,1 人搬袋、钻孔、贴胶布,1 人接种。这样接种,操作方便,每人所做工序少,容易做到整洁、无菌,接种质量好。

菌种接好后,应马上将其搬入培养室,贴好标签、培养。接种场所收拾干净,并用石炭酸等药剂揩刷接种室内或箱内的工作台及其他接种用具,进行表面杀菌,待几分钟将门关闭。

(2)菌种培养

①培养室 要求通风、干燥、清洁,室内地面要求高于室外地面 50 厘米左右。标准培养室宽 3.7～3.8 米×长 6～7 米×高 3.5～4 米。室内设菌种架 3 行,靠壁两行架宽 60 厘米,中间行架宽 1 米,两条走道各宽 75 厘米,菌种架层高 50 厘米。不是专门生产菌种的单位,培养室可不设架,在放菌种的地面上放一层砖,菌种放于砖上。培养室两端宜多设门窗或一端设门一端设窗。窗有 3～4 扇,每扇窗大小 60 厘米×100 厘米,窗内有窗帘架。培养室卫生要求同接种室。

②菌种袋和菌种瓶的放置

第一,床架上放置。太空包菌种和瓶装种立放于架上,冬天瓶或袋之间可紧密相靠,夏天瓶或袋之间应留有一指宽距离,菌筒袋平铺于专制的菌筒菌床上或"井"字形叠放于架上。

第二,地面垫砖放置。太空包塑料袋种和瓶装种平卧放于地面垫高的砖块上,叠高 12 瓶或 8 瓶,菌筒"井"字形堆于垫高的砖块上,7～8 层袋高,行与行之间的走道宽 75 厘米左右。

③培养环境调控

第一,温度。根据不同菌种对温度的要求控制温度。控制标准为适温上下浮动 5℃,适温 25℃ 的菌种,温度控制在 20℃～30℃ 之间,勿使过高、过低,特别是勿使温度长期过高。中低温型的食用菌在夏天培养时,特别要注意降温,培养室若没有空调机降温,放菌种瓶或袋时,瓶(袋)间应留有半厘米的距离,以利散热。晴天可在瓶上用清洁水喷雾降低瓶温,喷水量以喷水 3～4 小时后棉塞能蒸发干燥为宜。白天用窗帘遮阳,晚上开门窗使冷空气进入。冬天用电炉加温。

第二,空气。无空调机的培养室,夏天门窗基本全开。春秋白天开窗 3～4 小时,冬季每隔数天开门窗 1 次。有空调机的培养室,空调机在开动时,空气已进行了交换,故可不开窗。培养室内空气的基本要求是:人感觉清爽、舒畅,如有不适之感,说明空气不良,就应增加通风次数。

第三,湿度。培养室空气相对湿度要求保持在 65% 左右。培养室湿度高,棉塞容易受潮,长杂菌。空气湿度长期过低,培养料表面会失水,表面菌丝容易老化。冬天加温培养时,室内湿度很低,培养室地面应泼水提高湿度。梅雨季节湿度过高时,室内应放干石灰。湿度特别高的天气应关门窗,待天晴、空气湿度降低时开窗。

第四,光照。由于过强的光照会抑制各种菌丝的生长,因此菌种培养时,菌种瓶上宜用报纸遮盖,降低光量,待菌丝长好,在子实体形成时,将遮盖的报纸去掉,促使子实体形成。

第五，翻袋。为使上下层菌种发菌速度保持基本一致，故"井"字形堆叠培养的菌筒菌种袋，在接种培养一定时间后，应将菌种袋翻动 1 次，将下面的菌种搬到上面，上面的菌种搬到下面。第一次翻袋应在接种后 15 天左右、菌落直径有 8～10 厘米时进行。翻袋时间不可过早，过早翻袋袋内容易生长杂菌。

第六，杂菌检查。菌种接种后表面培养料封面前，每隔 3～4 天进行 1 次杂菌检查。菌丝长至半瓶（袋）和长满袋时，再进行 1 次检查，发现杂菌应另行放置，严重的则淘汰。检查要逐袋、逐瓶进行。检查时，菌种袋应尽量不要翻动，多动杂菌感染就会加重。检查菌筒袋时，如果杂菌不是十分严重，没有扩散污染的危险，则可不动。某些杂菌，如链孢霉、毛霉、根霉，开始生长势很强，到后期生长势会减弱，而香菇、金针菇、灵芝等菌丝，则会随着生长量的增加，生长势加强，原来杂菌生长范围内，食用菌菌丝又会很好生长，以后仍能生长子实体，并得到一定产量，但产量毕竟比未长杂菌的低。某些杂菌，如绿霉、曲霉，其生长的地方食用菌菌丝往往不能再生长。随着食用菌菌丝生长量的增加，抗杂菌能力增加，食用菌的菌丝和杂菌之间会形成相持状态，各占一方，互不侵犯，这样的栽培种，以后仍能生长子实体，但产量较低。

# 二、菌种的分离及纯化

## （一）菌种分离

菌种分离常采用组织分离、菇木分离和孢子分离等方法进行，现分别介绍如下。

## 1. 组织分离

是利用食用菌子实体组织(如菌盖肉、生长点和子实层)进行分离、培养获得纯种的方法(图 21)。

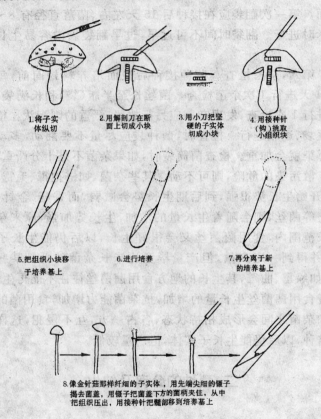

1.将子实体纵切

2.用解剖刀在断面上切成小块

3.用小刀把坚硬的子实体切成小块

4.用接种针(钩)挑取小组织块

5.把组织小块移于培养基上

6.进行培养

7.再分离于新的培养基上

8.像金针菇那样纤细的子实体,用先端尖细的镊子揭去菌盖,用镊子把菌盖下方的圆柄夹住,从中把组织压出,用接种针把髓部移到培养基上

**图 21　组织分离法**

(1)种菇选择　供组织分离的种菇应选择单生、商品性状好的幼嫩、新鲜、清洁、无病虫害的菇,采摘后及时放入灭过菌

的纸袋中,带回接种室(箱)。

(2)准备培养基试管  一般选择马铃薯、葡萄糖(蔗糖)、琼脂培养基(PDA)试管。

(3)种菇消毒灭菌  在接种箱内无菌操作,先用75%的酒精消毒双手和工具,再用0.1%升汞消毒种菇表面,用解剖刀把种菇菌盖中部纵切两半,于菌盖与菌柄交界处切成一个"目"字形小块,用接种钩钩取小块菌肉,迅速移接入PDA斜面上,在适宜温度下培养。

若是菇小、盖薄、柄中空的伞菌类,采用生长点分离,如金针菇。在无菌条件下,左手用拇指和食指夹住菌柄,右手握住长柄镊子,沿菇柄菌盖方向快速移动,击掉菌盖,于菌柄顶端处用接种钩钩取生长点,移接入PDA斜面上,在适宜温度下培养。

如果某些菇类组织不完全或受损,可采用子实层分离,即选取尚未破膜的子实体,钩取菌褶片,迅速移入PDA斜面上,于适宜温度下培养。

**2. 菇木(耳木)分离**

该法主要用于木腐菌类。从朽木上长出的子实体,其子实体已过熟腐烂或因子实体很小不能进行组织分离的时候,可以用菇木分离法(图22)。

(1)菇木选择  选定菇(耳)大、肉厚、成熟适当、无病虫害的菇木(或耳木),摘掉菇(或耳),锯取一段(1厘米)菇木片,装入灭过菌的纸袋内,带回接种室(箱)准备分离。

(2)准备培养基试管  选用PDA斜面试管。

(3)消毒处理  把菇木片浸入0.1%升汞液中30~60秒钟,用无菌水冲洗数次至无升汞液,放在无菌滤纸上吸干水分。用解剖刀削去树皮,把木片劈成小块。用接种钩钩取小

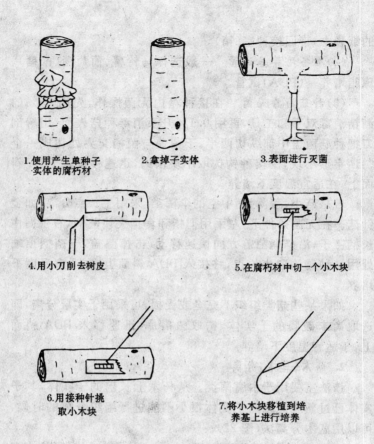

1.使用产生单种子
实体的腐朽材

2.拿掉子实体

3.表面进行灭菌

4.用小刀削去树皮

5.在腐朽材中切一个小木块

6.用接种针挑
取小木块

7.将小木块移植到培
养基上进行培养

图22　菇木分离法

块,移接入试管斜面上,在适宜温度下培养。

**3. 多孢分离**

是使用有性孢子和无性分生孢子等萌发长出菌丝获得纯
种的方法。由孢子萌发生长的菌丝菌龄短,具有较强的生命
力。其方法分为多孢和单孢分离两种。

一般来说,多孢分离所获得的纯种基本上能形成子实体,但仍应做出菇试验后才能用于生产。一些不易组织分离、孢子萌发好的胶质菌类(如黑木耳、毛木耳等),采用多孢分离较易成功。具体方法如下(图23)。

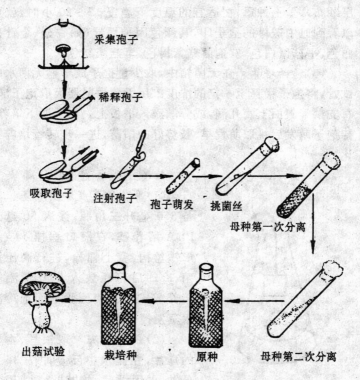

采集孢子
稀释孢子
吸取孢子　　注射孢子　　孢子萌发　　挑菌丝
母种第一次分离
出菇试验　　栽培种　　原种　　母种第二次分离

**图23　孢子分离法**

(1)孢子收集　选择菇形商品性状好,外表清洁,无病虫,七八成熟,菌膜将破的子实体。菇采收后放入灭过菌的纸袋内,带回接种室(或接种箱)。

(2)消毒处理　用75%酒精将双手和工具消毒,切去种菇菌柄,浸入0.1%升汞液1~2分钟,用无菌水冲洗数次,放在无菌滤纸上吸干水分,迅速将种菇插放在铁丝三角架上,置于盛有滤纸的培养皿内,连皿一起放在瓷盘上(瓷盘内垫有4层纱布),盖上钟罩,在适宜的温度下静置12~20小时,就可以看到皿中散落的孢子印,其颜色因种而异(如香菇、金针菇白色,平菇紫白色,双孢蘑菇紫褐色,草菇淡红色)。

(3)稀释培养　在无菌箱中,取少量孢子放于盛无菌水的试管,将孢子稀释至一定的浓度。用无菌注射器吸取孢子液,每支试管斜面上滴几滴,或分散滴入平板上。在适温下培养,待孢子萌发后挑取萌发早、长势好的菌落,进一步转管培养纯化。

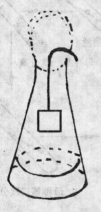

**图24　悬钩收集孢子**

### 4. 悬钩收集孢子及分离

(1)准备培养瓶和培养基　准备350毫升三角瓶,注入50毫升PDA培养基,在瓶口垂挂1支S形铁丝钩,塞上棉栓,进行高压灭菌,冷却后将瓶放入30℃恒温箱培养2~3天,使琼脂平面上冷凝水蒸发掉备用。

(2)分离方法　取银耳、木耳的耳片,在流水中反复冲洗3~5分钟,再用无菌水冲洗3次,用无菌滤纸将耳片上的游离水吸干,用无菌剪刀将耳片剪成1平方厘米,钩悬在S形钩上,子实层朝下,耳片离琼脂面2~3厘米,置于三角瓶(图24)中,在18℃～25℃下、有漫射光的地方,经数小时即有孢子散落在培养基上。取出耳片,将培养瓶于 28℃～30℃下培养。一旦孢子萌发,立即把菌丝琼脂小块移入试管斜面,继续培养。

该法除用于胶质菌外,也适用于伞菌类,不同之处就是切取带菌肉及菌褶的组织块。由于各菇类孢子弹射速度不一样,控制菌褶在三角瓶内悬挂时间的长短亦应有别。一旦见到有模糊的孢子印,就可以取出待分离。

### (二)分离菌株的纯化

分离菌株经分析鉴别,确有杂菌污染时,可采用以下方法纯化。

#### 1. 细菌性污染的排除

在进行菇木分离时,可能有细菌和酵母污染。因此,应制备抗细菌的培养基。每升加链霉素 30～40 微克,金霉素20～30 毫克或高锰酸钾 50 毫克,增加琼脂量(2.3%～2.5%)。无冷凝水的斜面或平板,降低培养温度(20℃～24℃),利用食用菌在温度较低的条件下菌丝生长速度比细菌快的特点,用接种钩切割菌丝先端,连续分离培养 2～3 次,可获得纯化菌丝。也可用接种铲将细菌的菌落铲除,从培养基内钩取出一小块菌丝块,移入无冷凝水的培养基。该法尤其适合菌龄较长、被好气细菌污染的试管。

#### 2. 霉菌污染的排除

先要制备抗霉菌培养基,即在 PDA 中加入 5～10 毫克/千克抗霉苯并咪唑(TBZ)、多菌灵(BCM),经分离培养,如发现有多种颜色的小斑点,就应弃去,重分离。如霉菌的菌落出现在远离分离株菌落时(孢子或分生孢子尚未成熟情况下),可采用菌丝先端切割分离纯化。杂菌的菌丝蔓延范围较大,可将 1% 多菌灵滤纸片覆盖在霉菌菌落上,防止孢子扩散。

然后再用接种铲将分离株表层铲掉,随之,用接种钩钩取基内菌丝,移入新培养基。

**3. 菌株再纯化**

为了得到高纯度的菌丝,还必须进一步纯化。如属纯种菌丝菌落会逐渐向四周呈辐射状增殖,外缘整齐;反之菌株不纯(菌丝辐射生长速度不一样,外缘参差不齐,基内色素也分布不均)。遇此情况,及时将菌落中生长速度一致部分的菌丝先端切割移植,再用单根菌丝分离纯化。具体做法:将优良菌丝用接种钩切割菌丝先端(2~3毫米),切成薄片,移接入PDA 基质上,每管移接数管,在最佳温度下培养,12 小时以后在阳光或灯光下观察接种块菌丝生长状态,或在解剖镜下观察是否为单菌丝。如为单菌丝继续培养 12~24 小时,重复上述操作,可获得单根菌丝,进一步转接纯化。此法适用于菌丝生长快、密度不高,呈羽毛状的草菇、银耳菌丝的纯化。

购买的菌种或自己分离的纯菌种,必须进行出菇试验,才能用于生产,否则会因种性变异而不出菇或产量不高,造成经济损失。

木腐菌类采用袋栽方式做出菇试验,每个菌株不少于 10袋。草腐菌类采用箱栽方式,每个菌株不少于 4 箱。在试验过程中,做好观察,记载每个新菌株接种后萌发吃料快慢,出菇早晚,出菇密度,单菇重,菇形,菇盖大小,肉质厚薄,柄粗细长短,开伞速度及产量分布等。有了这些结果,才会使生产菌种场家放心,用户放心。

# 三、菌种保藏

为了保证周年生产季节不淡,对购来的菌种必须妥善保存。菌种的保存主要是母种较长期的保存,原种和直接播种用的原种的短期保存。最佳的保存方法应具备取材容易,操作简便,不易退化(或老化),长期保存不污染杂菌等条件。菌种保藏的方法很多,常用的有继代保存法、矿物油保存法、木粒保存法、超低温(-196℃)液氮保存法。现仅介绍继代、木粒麸皮和矿物油、孢子滤纸保存法。

### (一)继代保存法

即将保存的菌种每3~6个月重新转接1次,培养基必须新鲜。具体做法:菌丝长满斜面后在5℃下保存,草菇菌种应在15℃保存。继代保存,长期用同一培养基,转代次数多了菌种吸收分解物质的能力减弱。因此,必须注意更换其他培养基,将其回接到木屑或粪草培养基上培养,以后再移入PDA培养基,这样有利保持菌种原有的生活力。在保存过程中,要防棉塞受潮滋生杂菌,更要防止菌种管上的标签落下,成为无名菌种。

### (二)木粒麸皮保存法

该法适用于木腐菌。用麸皮加50%木粒(0.5平方厘米)。先将木粒用水浸两昼夜,再拌麸皮,含水量调节为50%~55%。10毫米×100毫米的试管装2/5管高,稍压实,清洁内外管壁,塞好棉栓,于103.42千帕压力下(121℃)灭菌30分钟,冷却后无菌操作接种,22℃~25℃下培养,5~7天长满试管斜面,然后用真空泵抽干游离水,放干燥器内,常温保存3~5年。

## (三)矿物油保存法

就是将石蜡油加于欲保存的菌种斜面上。具体做法:液状石蜡油先经 103.42 千帕压力(121℃)灭菌 1 小时,再经 150℃~160℃下干热 1 小时,使水分完全蒸发,石蜡油成为透明状为止。冷却至室温备用。将无菌石蜡油倒于种管斜面上 1 厘米,竖放保存。棉塞不可沾污石蜡油。不可在 3℃~6℃下保存,10℃以上保存最好。使用时不必倒去石蜡油,只要用接种铲取出菌种小块即可。未用完之菌种重新用蜡封口,继续保存。保存的菌种转接 1 次后再转接 1 次,方可恢复正常生长,才能用于制种。

## (四)孢子滤纸保存法

在无菌条件下,将孢子收集在无菌滤纸片(0.5 厘米×1 厘米)上,在无菌条件下将带有孢子的滤纸片放入安瓿内或 10 毫米×60 毫米指形管(先灭过菌)内,塞上木塞,石蜡封口(安瓿熔融封口)。双孢蘑菇可保存 3 年仍有活力,香菇孢子用该法保存也很满意。

# 第六章 食用菌周年生产实例

我国食用菌周年生产已见报道的有：高海拔山区香菇和毛木耳周年生产；低海拔地区塑料大棚多菇种周年生产；控温湿度室内金针菇和香菇周年生产；不同温型平菇周年生产；室内多菇种组合周年生产；露地（或大田）多菇种组合周年生产等。在本章将对这些食用菌周年生产技术逐一介绍，同时还将介绍金针菇、姬菇、滑菇等的现代化菇房周年生产技术要点。

## 一、高海拔山区香菇周年生产技术之一

福建省南平地区位于北纬 26°9′，东经 119°1′。境内多山、海拔起伏（200～1 200 米），气候各异，年、月气温日较差较小，春秋季昼夜温差较大，雨水充沛，月平均空气相对湿度在80％，3～5 月、10～12 月为暖季，6～9 月为热季，7 月中旬至8 月中旬气温最高。一般低海拔地区（200～500 米）月平均气温为 25.6℃～28.33℃，高海拔地区（700～1 200 米）为 25℃以下。山上、山下的气候特点为香菇的周年生产提供了得天独厚的环境。

该地区在推广了香菇代料栽培之后，接着探索了香菇的反季节栽培技术。1989～1994 年反季节栽培推广了 2.2 亿筒，对调济市场，降低杂菌污染率，提高经济效益具有重要意义。现将周年生产的技术要点介绍如下。

## (一)季节选择和菌株搭配

栽培季节安排,主要根据不同海拔高度的气候条件。香菇不同温型品系对出菇温度的要求,把第一潮菇的出菇期安排在最适的季节,即以当地逐旬或逐月气候平均气温符合某菌株第一潮出菇最适温度始日和终日。以某菌株适宜转色出菇的时间向前推算菌龄天数,作为某菌株制筒接种最适宜日期。具体分3类地区进行生产安排。海拔700米,在12月至翌年2月、6~7月、7~8月,安排高温或中温偏高、中温偏高、中温型;海拔800米,在12月至翌年3月、5~7月、7~8月,安排高温或中温偏高、中温偏高、中温型;海拔900米以上,在11月至翌年3月、5~6月,安排高温或中温偏高、中温型菌株制筒接种。

鲜菇出口的质量标准为:朵大,肉厚,结实,圆整,黄褐色,无斑点,鳞片少,菌膜完好或微破。经过多年的生产实践,全县选用闽屏1号、L26、Cr04等中温偏高菌株较能符合上述鲜菇出口标准。

## (二)配制优质的培养料

优质培养料是出优质菇的物质基础。因此,要求选用优质的原材料,主料和辅料的配比不可随意增减,否则造成比例失调,使菇小、肉薄、质差。具体配制时应注意以下几个问题。

第一,避免使用松、杉或腐朽变质的杂木屑或火烧过只剩下心材的材料。杂木屑需堆放晒干,忌用生或半生杂木屑,在保证不刺破薄膜袋的原则下,粗木屑优于细木屑。

第二,合理添加主辅料,调节好碳氮比,原则上掌握早熟种米糠量为15%～20%,晚熟种米糠量为20%～25%。

第三,培养料的含水量以 55%～60% 为宜。大于 65% 水多气少菌丝生长缓慢,菌丝不粗壮,品质差,单产较高;水分过少则菌丝生长无力,菇少而小。

第四,冬春制种,培养料的酸碱度调至 pH 值 5～6.5;夏秋制种,培养料的酸碱度调至 pH 值 6.5 左右。

### (三)菇场的选择与搭建

菇场应选择夏凉冬暖,地势平坦,通风良好,水源充足,虫害少的场所,周围最好有山涧山水或泵水。

菇棚搭盖,尽量采用高凉棚(2.3～2.5 米),用单棚不要连棚,春末夏初随着气温上升,应加厚棚顶覆盖物;入秋后随气温下降,应疏散遮阳物,围密四周草帘。

旧菇棚使用之前,要清理菇床,清除畦沟表面烂泥、废物,同时用新黄土盖床面拍实,并撒上石灰。旧床架可用 10% 石灰水或 1% 漂白粉喷洒消毒,也可以用气雾消毒剂进行熏蒸。

### (四)发菌期的管理

气温低(<15℃)时,菌筒堆紧些;气温高(>25℃)时,堆疏些。看菌丝生长和气温高低叠架,叠堆时接种穴要侧向,不被遮压,以防菌丝筒缺氧而造成菌丝体衰退死亡。走菌后期可将接种块挖除,或在菌丝筒上刺小孔,以助菌丝筒起瘤和转色。高温期养菌时,要加强通风散热,菌筒尽量排疏些,直射光不要照晒菌筒,以防高温烧菌。

### (五)脱袋转色

菌丝长满料层,不会立即出菇,只有菌丝达生理成熟,培养料被充分分解,才具备出菇的条件。因此,脱袋不宜过早。

脱袋应根据菌株的生物学特性、季节的变化灵活掌握,中温偏高中晚熟菌株如 Cr04、屏南 1 号等,5～8 月份进棚,经自然转色 50% 以上方可脱袋;2～3 月、9～10 月进棚,待自然转色 30%～40% 即可脱袋;中温或中温偏低早熟菌株,待自然转色 30% 左右即可脱袋。

菌筒搬进菇床切不可立即开袋,经休养 2～4 天,视天气情况安排开袋时间。

脱袋后,宜采用喷雾器轻喷水。遇闷热潮湿天气,薄膜不可盖得太严密,以防高温高湿通风不良而造成烂筒;闷热干燥天气,加强通风散热,并与喷水相结合,以利供氧保湿,防止菌筒严重失水而影响转色。雨天将棚四周薄膜掀开,保持顶部覆盖。

### (六)出菇管理

出菇管理要因季节而异。秋冬季气温由高逐步降低,以降温为主逐渐过渡到保温管理;春夏季节气温由低逐步升高,由保温为主过渡到降温管理为主。

**1. 春季管理**

空气湿度大,应加强菇床通风换气管理。如果是潮湿南风天气,可以掀开薄膜,整天通风。雨天掀开两侧薄膜,保持棚顶覆盖。4 月以后有时出现高温,要注意降温。

**2. 夏季管理**

以降温为主。加厚遮阳覆盖物,调节至八阴二阳,四周草帘两面密两面疏。畦沟内灌水,达到降温调湿之目的。午后视气温上升情况,可向菇棚四周喷水降温。

夏季管理因天气而异。雨天,薄膜半覆盖式,不喷或微喷水。闷热潮湿天气,薄膜半遮,每日喷水 1 次;闷热干燥天气,白天不盖膜,日喷水 3～4 次,晚上气温下降时方可盖膜;阴晴凉爽天,早晚喷水、通风各 1 次。

**3. 秋季管理**

早秋气温较高,须注意降温;晚秋天气较干燥,气温逐渐下降,疏散覆盖,调整为七阴三阳,注意菇棚保温。

**4. 冬季管理**

加厚北侧围墙草帘,防北风袭击,调稀顶部和南侧的遮阳物,减少通风次数,盖紧薄膜,提高菇棚温度,避免霜冻,宜少喷水。如菌筒偏干,应选择晴暖天气的中午轻喷少量水。

(根据包著勤报道论文摘编)

# 二、高海拔地区香菇周年生产技术之二

浙江省龙泉市地处北纬 27°47′～28°18′,东经 118°49′～119°10′。海拔高为 195～1 300 米,600 米以上的自然村占 1/3,这些都是历史上的菇民区。该地区具有冬暖夏凉,年温日较差小,冬春季温湿度多变,降雨、降雪多等气候特点。境内森林茂密,林间郁闭,多漫射光,空气相对湿度在 80% 以上,形成了立体气候资源,为香菇周年生产创造了得天独厚的条件。

该地区为实现周年生产,主攻夏季栽培难关。根据香菇子实体形成要求较低气温,变温结实的特性,于夏季利用高海拔地区气候凉、湿的特点,开展香菇反季节栽培的科学实验,至 1994 年在海拔 600～1 200 米地区反季节栽培香菇 100 万筒,普遍获得成功,为全市实施周年栽培香菇打下了良好基础。现将取得的经验和技术介绍如下。

## (一)海拔高度的选择

为了顺利实现香菇周年生产,以中温偏高型香菇菌株,旬平均气温低于 25℃ 能出菇为指标,不同海拔高度旬平均气温在 25℃ 以下为依据,找出反季节栽培不能出菇的温区和能出菇的温区,并绘制成表(表 26)。从表中的虚线区可以看出,以自然条件为主,中温偏高型菌株在海拔 500 米以下,不宜进行反季节栽培。500~600 米地区虽可勉强反季节栽培,但 7 月中旬至 8 月中旬平均气温高于 25℃,菌筒需进行越夏管理或采取降温措施;或选育高温型菌株,适应香菇的夏季栽培。600 米以上,由于平均旬温都在 25℃ 以下,是反季节栽培的好地方。随着高温菌株的问世,次高海拔地区也可反季节栽培。

## (二)菌株的选择

香菇的周年栽培是要求选育适宜春末至初秋季栽培的菌株,即低温制种,保证菌丝生长良好,并能夏秋出菇,菇质达出口标准。根据适宜温区,对现有高温、中温偏高、中温偏低型菌株进行适应性试验。结果表明,反季节栽培的香菇菌株以选择中温偏高的(Cr04、L26、闽丰 1 号品系)为宜。然后对上述菌株进一步筛选分离复壮和出菇试验,才能应用于生产。

## (三)出菇期与海拔的关系

不同的海拔高度气温高低不同,如海拔 198~317 米地区,候均温等于或低于 5℃ 的候数为零,499 米、630 米、1 078 米等高海拔地区,候均温等于或低于 5℃ 的候数分别为 5,7,14。因此,各季节始菇期和末菇期均不同,高低海拔地区相差 1.5 个月(表 27)。

## 表26 浙江龙泉代料香菇反季节栽培区域

| 海拔(米) | 地形特点 | 6月 上 | 6月 中 | 6月 下 | 7月 上 | 7月 中 | 7月 下 | 8月 上 | 8月 中 | 8月 下 | 9月 上 | 9月 中 | 9月 下 | 10月 上 | 10月 中 | 10月 下 |
|---|---|---|---|---|---|---|---|---|---|---|---|---|---|---|---|---|
| 198 | 山间开阔地 | 22.9 | 24.0 | 25.9 | 26.3 | 26.9 | 27.1 | 27.4 | 27.0 | 26.5 | 25.4 | 23.9 | 21.8 | 21.4 | 18.9 | 17.2 |
| 317 | 山间小盆地 | 22.7 | 23.7 | 25.8 | 26.0 | 26.4 | 26.8 | 26.9 | 26.3 | 26.4 | 25.4 | 23.6 | 21.5 | 21.1 | 18.4 | 16.8 |
| 428 | 沿河山岗 | 21.4 | 22.9 | 24.5 | 25.3 | 25.5 | 25.7 | 25.8 | 25.3 | 25.1 | 24.1 | 22.5 | 20.7 | 20.4 | 17.4 | 16.0 |
| 499 | 山间谷地 | 21.1 | 22.5 | 24.5 | 24.6 | 25.1 | 25.4 | 25.4 | 24.9 | 24.6 | 23.5 | 22.0 | 20.2 | 19.8 | 17.1 | 15.3 |
| 630 | 朝北缓坡 | 20.9 | 21.7 | 23.9 | 24.0 | 24.5 | 24.7 | 24.7 | 24.1 | 24.0 | 23.2 | 21.5 | 19.7 | 19.3 | 18.3 | 15.1 |
| 745 | 朝南坡地 | 20.5 | 21.2 | 23.2 | 23.5 | 24.1 | 24.5 | 24.5 | 24.1 | 23.7 | 22.7 | 21.2 | 19.3 | 19.3 | 15.9 | 14.8 |
| 950 | 朝西南山岗 | 19.3 | 19.9 | 21.9 | 22.3 | 22.9 | 23.4 | 22.9 | 22.5 | 22.3 | 21.5 | 19.7 | 17.8 | 17.8 | 14.1 | 13.2 |
| 1087 | 高山盆谷地 | 18.5 | 19.7 | 21.6 | 21.7 | 22.4 | 22.3 | 22.0 | 21.4 | 21.1 | 20.5 | 18.7 | 16.8 | 13.7 | 12.4 | 11.5 |

注:7、8月间日平均温度<25℃进行反季节栽培比较合适;……表示不适宜反季节栽培

表 27　浙江龙泉不同海拔、不同地形香菇常规栽培出菇情况

| 地　点 | 海拔(米) | 地形特点 | 秋菇始期(日/月) | 冬菇始期(日/月) | 春菇末期(日/月) | 香　菇生长期(天) | 候均温≤5℃候数 |
|---|---|---|---|---|---|---|---|
| 龙　泉 | 198 | 山间开阔地 | 8/10 | 28/11 | 27/4 | 200 | 0 |
| 小　梅 | 317 | 山间小盆地 | 7/10 | 23/11 | 4/5 | 208 | 0 |
| 小黄南 | 499 | 山　岙 | 4/10 | 19/11 | 22/5 | 229 | 5 |
| 官　甫 | 630 | 朝北缓坡 | 22/9 | 20/11 | 26/5 | 244 | 7 |
| 龙　南 | 1078 | 高山盆谷地 | 8/9 | 11/11 | 16/6 | 280 | 14 |

### (四)栽培管理技术要点

**1. 季节安排**

根据不同的海拔高度气候条件,不同温型菌株适宜转色的菌龄、出菇温度做出合理安排。具体掌握 60～80 天菌龄,即营养生长期高于 5℃ 的有效积温为 2 000℃ 左右,17℃～22℃ 适宜转色温度,向前推算各级菌种制作期。这样可以把海拔 800 米左右地区反季节栽培制筒期安排在 12 月上旬至翌年 2 月上旬。前 30 天发菌温度保持在 20℃～24℃。其他地区海拔每降低 100 米,制筒接种提前 3 天左右;反之海拔每升高 100 米,则制筒期延迟 3 天左右。实践表明,制筒接种期迟于 4 月以后,因气温升高,一是难转色,二是杂菌感染率高,造成散筒甚至绝收。

**2. 脱　袋**

掌握菌龄 60～80 天(早熟种 60 天,晚熟种 80 天),筒壁菌丝全覆盖了培养料,菌丝浓密,瘤状物占 2/3,菌筒松软富弹性,菌丝料淡黄色,充分分解,含水量在 70% 以上,为脱袋的好时期。

**3. 脱袋转色管理**

注意收听天气预报,掌握气温为 17℃～22℃ 的有利时

机,抢阴天脱袋。海拔800~1000米地区,在6月中旬前进行脱袋转色为宜;600~800米地区在6月上旬前脱袋转色为宜。若延误时机,遇上高温季节,往往难以转色,且会散筒、烂筒,导致减产。万一遇到这种情况,就只能采取越夏措施,到9月底再转色出菇,造成反季节栽培失败。

菌筒转色过程中,吐出的黄水要及时处理,防烂筒。遇上闷热天气,应把棚四周的薄膜掀开,只留顶部防雨物,使四周通风降湿,可防止木霉暴发危害。

**4. 出菇管理**

出菇时的管理主要是防高温危害。因此,始终围绕水、气、光等因素看天,看菌筒,灵活掌握,及时调节。

菇棚应搭建在通风、排灌两便、靠近清凉水源的砂壤田。菇棚上的遮阳物要加厚,达到九阳一阴的要求,以利降低棚内温度(3℃~5℃)。

采用畦沟灌水,增加菌筒土壤湿度。高温少雨天气,早晚向菌筒表面喷雾,不可喷大水。如菌筒含水量降到30%左右,立即用注水器注水,狠抓降温保湿,使棚内温度在28℃以下,空气相对湿度80%~85%,菌筒含水量为55%左右。

一旦发生霉菌危害,及时采用干湿差或喷5%石灰清水,结合通风,减轻危害;若发现烂筒,轻者可用清水冲洗,晾干后再搬入棚内。重者切除腐烂部分(到拮抗线为止,保留硬质拮抗线),要求切除干净,再涂上5%石灰清水,均有较好的疗效。切下的污物集中处理,最好深埋地下。

为保证鲜菇出口质量,采收前3天停止喷水,减少菇体含水量5%;做到香菇子实体破膜及时采收,每天采摘2~4次。

采菇时拔除老根,不留断根。每一潮菇采后7天不喷水,但要保持空气相对湿度,加强揭膜通风,让菌丝恢复,重新累积营养,直到菌筒上菌根穴处发白时才可连续 2~3 天喷水,形成干湿差,拉大温差,以促第二潮菇迅速生长。

(根据陈高忠报道论文摘编)

## 三、低海拔地区香菇周年出菇设施栽培

浙江省建德县白沙镇位于东经 119°~119°40′,北纬 29°14′~29°39′。海拔 50 米,属亚热带中部湿润季风气候,5 月中旬至 6 月底为梅雨季节,7 月初进入盛夏,夏季长达 119 天,年平均气温 16.9℃,年总积温 6 180℃,最高气温 35℃ 以上的时间历年平均 42 天。在该地区要实现香菇周年栽培,必须突破高温期栽培关,关键是降温措施和耐高温菌株选育。以下介绍他们成功的经验。

### (一)菇棚建造

采用屋脊式连幢大棚,棚顶及周围用茅草遮阳,棚侧面开设门窗。这种结构的大棚棚内空间大,隔热性和散热性较强。经 3 种遮阳物比较试验结果证明,当棚外气温 35℃ 时,棚内 2 米高处的气温分别为:茅草遮阳的为 31.5℃,油毛毡遮阳的为 33℃,塑料网遮阳的为 35℃,其中以茅草遮阳降温效果最好。棚内设置多层式床架,比单层式排放提高土地利用率 3 倍以上。

### (二)喷雾降温

输水系统由干、支、毛 3 级管组成。在毛管上等距离安装微塑喷头(WP 型塑料全圆喷头),工作压为 100 千帕,喷水量为 48 升/时,喷洒半径 280 厘米,雾滴直径 200~500 微米,雾

滴降落速度为 0.7～2 米/秒,故降温增湿效果明显。据测定,当棚内相对湿度小于 70%,喷雾 12 分钟就可以增湿 15%。棚内 2 米高处温度从 33℃ 降到 29℃,地表温度为 26℃,当气温 36℃～40℃ 时,喷雾结合通风,平均可降温 4℃～8℃。

### (三)菌株选择

香菇菌株适应性试验表明,ZL01 菌株对高温的适应性在 20℃～32℃ 时,出菇整齐,菌盖大而厚实,平均直径 8～10 厘米,肉厚 12 毫米以上,平均单菇重 21.14 克(盖重占 86.17%),平均生物学效率 81%。

Cr20、L26 在 15℃～25℃ 下,菇形成较正常。气温高时表现柄长、易开伞。Gr20 在 5 月底至 6 月份出菇较正常,随着气温升高,出菇性能减退。

### (四)培养基成分对高温期出菇的影响

培养基添加糖的试验结果说明,加 1% 的糖发菌仅需 43 天,不加糖发菌需 87 天,因而适量加糖能促进发菌。如过量加糖,菌丝长得快而细弱。菌丝粗壮与菌丝营养累积有关。发菌时间长,菌丝粗壮,出菇齐,菇盖厚,抗逆性强。含水量低,透气性好,菌丝粗壮,有利大量出菇,且菌盖厚实。60% 的含水量,菌丝长得细弱,无法适应高温条件下出菇。

### (五)光照与温差对出菇的影响

香菇原基分化最适光照为 10 勒,5 勒以下菌盖、菌褶的发育很差,产生畸形菇。无光下子实体不能形成。因此,脱袋时必须增加适度的光照。

温差刺激能促进原基形成及分化。ZL01 菌株需要的温差为 4℃～6℃,Cr20、L26 菌株为 6℃～8℃,Cr04、Cr0212 为 9℃～10℃。昼夜温差越大,子实体原基数目也就越多。随着温型由高到低,所需的温差也渐增。

# 四、室内人工气候下香菇周年生产

广州市微生物研究所(1981 年),在温、湿、光人工调控的条件下,进行香菇周年生产研究,采用 8 个品系,经过 5 批试验,每批栽培周期 103～104 天,平均每批生物学效率在 74.8%～103%之间。具体栽培工艺如下。

## (一)菇房设备

菇房面积 17.5 平方米,高 3 米,内设有保温层。配备冷冻机 1 台,调湿器 2 台,排风扇 2 台以及光照和加温设备。

## (二)菌种制作

母种、原种、栽培种均按上海市农科院食用菌研究所的方法制作。栽培种采用穴、面接种法,在 22℃～25℃下培养,经 45～50 天。

## (三)菌块(菌砖)制作

将发好菌的栽培种挖出,放 10 厘米×24 厘米×5 厘米的杉木框压成块,每块重 900 克(相当于干料 300 克)。菌块压好后,用消毒过的塑料膜包住,置 20℃～25℃洁净菇房内培养,经菌丝愈合、转色管理。

### (四)出菇前的管理

压块后冷刺激 1～2 天,促菌丝萌发生长,7 天后愈合。当菌块表面形成一层白色菌皮时,除去覆盖薄膜,控温 7℃～10℃,空气湿度 80%～90%,历时 5～7 小时,并保持温差在 10℃～12℃或以上。这样连续冷刺激 4～7 天(第二潮菇后的冷刺激 2～4 天),然后室内控温在 13℃～19℃,空气湿度 80%～90%,光照 100～250 勒,每天光照 16 小时左右。每天通风换气 2 次,每次半小时,保持菇房空气新鲜。

干湿交替,促进原基和菇蕾在 2～3 天迅速发生。如发现在菌块底发生原基(这是菌块表面太干之故),可以翻块。如菌块两面均出菇,就将块立放,或两块相靠立。当菇蕾幼小时注意保湿,长至 5 分币大小时,则应提高菇房湿度,切忌向菇盖上喷水,以免影响香菇的色泽和菇的质量。

当菇长到八分开时,要及时采收。采摘时,不要把菇柄弄断留于菌块,否则易发生霉菌危害,也不要把培养基拔起,以免影响下潮菇。

### (五)出菇后的管理

#### 1. 养 好 菌

菌块一般每隔 25～28 天出一潮菇。第一潮菇收完后,菌块要恢复生长,控温 20℃～24℃,相对湿度保持 70%左右为宜,并注意通风换气,促菌丝恢复生长,累积营养,7～10 天后,当采菇穴长出白色菌丝膜,说明菌丝已重新恢复生机,可以进行冷水浸泡。

#### 2. 浸水催蕾

把菌块浸泡在微酸凉水中 8～24 小时(视气温而定),让菌块吸足水分,使含水量达 60% 左右,再放于 7℃~10℃ 下冷刺激 2~4 天,升温到 13℃~19℃,相对湿度 80%~90%,光照 100~250 勒,促二潮出菇。

第三四潮出菇前后的管理,均与第二潮相同。

(根据冯白洲报道论文摘编)

# 五、平菇周年生产技术之一

江苏省常州市位于北纬 31°46′,东经 119°59′,海拔高度 6.03 米。逐月平均温度,3~6 月、9~11 月在 8.05℃~24.1℃,在自然条件下可以正常地进行平菇生产;12 月至翌年 2 月只有 2.38℃~5.03℃,菌丝生长缓慢;7~8 月为 28.26℃~28.35℃,子实体发育受阻,往往不能结菇。近几年来,围绕上述问题采取了引种驯化、野生菇采集分离、不同温度栽培等办法,筛选优质高产、出菇整齐、生物学转化率高、经济效益好、能适应不同季节生长的平菇品种,达到配套栽培,周年生产供应。

## (一)品种试验与温型划分

对 23 个菌株先后在苏南和苏北地区进行了瓶栽和室内外栽培试验,观察子实体形成对温度的要求。将 23 个菌株分成 3 大温型。

### 1. 高温型平菇

在目前栽培品种中数量不多,包括榆黄菇、侧 5、HP$_1$ 共 3 个品种,占参试品种的 13.04%。此类平菇夏栽时菌丝能正常生长,25℃~30℃ 温度条件下可以正常形成子实体。由于在较高温度下栽培,杂菌多,虫害严重,管理较困难,产量不很理想,生物学转化率在 52.5%～76.1%。市场销售情况较好,当前只宜适量栽培。

**2. 中温型平菇**

有凤尾菇、大型平菇、佛罗里达平菇、台湾平菇 4 种,占参试品种的 17.39%。适宜于早春(3 月上中旬)、早秋(8 月中下旬)播种,子实体在 22℃～25℃温度条件下可以顺利形成,在 25℃以上菇形小、菌盖薄、品质差。此类平菇优点是出菇早,转潮快,周期短,上市早,效益较好,生物学转化率为 72.5%～91.6%,可以适当扩大栽培。

**3. 低温型平菇**

适宜秋冬栽培菌株均属此类型。如冻菌、保加利亚平菇、南阳平菇、丹阳平菇、南通平菇、蓟县黑平菇、晋 7913、晋 7916、常州 2 号、常州 7 号、三明 Pr、宁 2、宁 6、野生 82-10、野生 83-2 等 15 个品种,占参试菌株的 69.57%。在自然气温 5℃～20℃下子实体均能正常生长,特别是低温期栽培,虫害和杂菌少,生物学转化率为 91.5%～146.3%,菌盖厚,产量高,效益好。

**(二)周年生产的品种搭配和播种期**

**1. 春平菇**

2 月上旬至 3 月中旬气温由低到高,可以分期分批播种,此期选用低温型品种,约 45 天可出菇,收菇 3～4 潮;3 月中旬以后播种的应选用中温型品种,约 30 天出菇。播种过迟的,若收菇潮数少,可将培养基干燥越夏,秋后天凉时继续管理仍可采收;也可以转到阴凉地点出菇。1984 年武进县杨家村朱焕文户将凤尾菇菌块移放到封行的稻田里,在小暑期间获得较好收成。

**2. 夏 平 菇**

要严格选择高温型品种,3月中旬起分期播种,有条件的地方甚至6~7月仍可播种,早播的30~35天出菇,迟播的20天左右出菇,4月下旬至8月下旬可分期采收,一般可收菇3潮。播后温度越高,生长期越短,菇柄长,菌盖薄,商品性差。夏播平菇要特别注意做好病虫害的防治工作。

**3. 秋 平 菇**

早秋8月中旬至9月下旬播种,此期以中温型品种为主,气温由高到低,20~25天菌丝即可发足,能收菇4~5潮;晚秋10月上旬至11月下旬是平菇主要栽培期,播后45~50天出菇,可收菇6潮。此期杂菌少,虫害轻,成功率高,经济效益好。

**4. 冬 平 菇**

12月上旬至翌年2月下旬播种,正是全年最冷的时期,要认真选用低温型品种,一般菌丝发足需60天左右。室内栽培或保护地种植,可收菇4~6潮。

适期播种包含两个方面的内容:播后菌丝能否正常生长;子实体进入分化期是否有适宜的温度和时间。从经济效益出发,秋冬播平菇播后要有3个月以上的适宜气温期,可收菇5~6潮;早春、早秋播平菇播后应有2~3个月适宜气温期,可收菇3~4潮;夏播平菇播后应有2个月适宜气温期,可收菇3潮。根据以上原则,低温型平菇播种应在3月中旬前完成,中温型平菇在9月下旬前结束,高温型平菇在9月上旬前播完。也有个别品种例外,如佛罗里达平菇的适应性较广,中低温兼有,人防地道可以周年栽培,露地晚春亦可种植,以晚秋播种产量最高。一般推算秋平菇播种适期,首先要找出本地适于子实体分化温度(20℃)的时期,再加上播种到菌丝发足所需天数。一般播种至菌丝发足所需天数,25℃为23天,20℃为29天,15℃为35天,10℃为46天,8℃为57天。

### (三)冬栽和夏栽的主要技术

**1. 冬　栽**

要选择低温型品种,加大接种量促进发菌。栽培管理上围绕保温增温采取以下措施:增厚培养料,每平方米用棉籽壳22.5~25千克,或培养基中加15%左右麸糠,促进发酵增温;采用保护地栽培,大棚、小棚、地膜加盖草帘,冬播后每日上午9时揭开草帘,利用光照增温,下午3时盖上草帘保温;选择背风向阳地点栽培,并在西北方向设风障防寒;室内栽培可生火炉加温。

**2. 夏　栽**

选择高温型品种尤为重要。其次要加大接种量,造成生长优势,减少杂菌污染,生长期围绕降温保湿进行管理。种植地点应选择阴凉,靠近水源,又不低洼受涝之处,如树林、竹林、凉爽的河坎边、人防地道、半地下窖等(1983年夏栽时采用半地下窖,窖内温度可比窖外气温低5.5℃~7.1℃);防止升温发酵,播种前提前1天堆料,24小时后再上床,培养料可适当减少,每平方米用棉籽壳8.75千克左右,以防烧床;空气相对湿度保持在85%以上,遇干要及时喷水。

(由蒋时察供稿)

# 六、平菇周年生产技术之二

平菇是中温型变温结实菌,菌丝体生长阶段,适温为23℃~28℃,子实体形成阶段要求8℃~18℃。菌丝生长30

天左右,采菇期 30～40 天。除了结合季节,利用自然条件栽培外,再创造条件,如冬季室内加温栽培,早春阳畦栽培,夏季地道或菜窖栽培等,就可周年生产。

## (一)生产程序

表 28 是以山西省原平市气候条件设计的平菇周年生产时序。

**表 28　平菇周年生产时序**

| 播期(月、旬) | 菌丝生长期日均气温(℃) | 栽培方式 | 采菇时期(月) | | | | | | | | | | | |
| --- | --- | --- | 1 | 2 | 3 | 4 | 5 | 6 | 7 | 8 | 9 | 10 | 11 | 12 |
| 3 上至 3 下 | 2.4～10.0 | 阳畦加风障 | | | | — | — | | | | | | | |
| 4 上至 4 中 | 10.8～17.0 | 室外阳畦 | | | | | — | — | | | | | | |
| 5 下至 6 下 | 20.6～23.5 | 室内箱栽 | | | | | | — | — | | | | | |
| 7 上至 8 上 | 24.3～23.0 | 室内箱栽 | | | | | | | | | — | — | | |
| 9 上至 9 下 | 16.4～8.5 | 室外阳畦 | | | | | | | | | | — | — | |
| 10 上至 10 下 | 8.4～0.5 | 阳畦加覆盖 | | | | | | | | | | | — | — |
| 11 上至 1 下 | 0.5～6.6 | 室内加温 | — | — | | | | | | | | | | |

## (二)栽培方法

### 1. 室内箱栽

78％锯末加 20％谷糠,对水煮沸 15 分钟捞出,晾晒到手握指缝间有水渗出但不下滴为止,拌入 1％石膏粉及 1％过磷酸钙。把菌种弄成蚕豆大小,按湿料重的 5％～10％均匀拌入料中,接种装箱。装箱前箱子要洗刷和日晒,并用 0.1％高锰酸钾或 5％石炭酸液喷洒消毒。装箱一般 20 厘米厚,压紧后厚 13.3 厘米,均匀平整,及时盖以报纸。为了不使报纸紧贴培养料,可在箱子上横放几根木棍,报纸上再盖以塑料薄膜。经过 15～20 天,当培养料长满白色菌丝后去掉报纸,使散射光线透入薄膜下,在表面洒少许凉水,降温至 20℃ 以下,刺激出菇。

**2. 室外阳畦栽培**

选择背风、向阳、平坦、排水良好的地方,东西向做畦,长 4～5 米,宽 1 米,深 33～40 厘米。南沿略低于地面,北沿比南沿高出 16.7～26.7 厘米,以利光照。畦底压实或抹一层泥防漏。上面架木棍,以便覆盖塑料薄膜和草帘,保温保湿。畦做好后把调好的培养料均匀铺平稍压,约 16.5 厘米厚即可播种。

**3. 地道或菜窖栽培**

酷暑盛夏,地面温度过高,平菇不能形成子实体。而人防地道或菜窖冬暖夏凉,常年温度在 8℃～18℃ 之间,湿度也大,正适合于平菇子实体形成和生长。地道栽培的关键是搞好通风换气,并安装电灯,以适当增加光照。

**4. 室内加温栽培**

隆冬季节,气温过低,为使平菇菌丝正常生长,室内需用火炉、土暖气或火墙等加温。

**5. 越冬与度夏**

严冬与酷暑季节,不利于菌丝生长和子实体形成时,可将正在培养过程中的菌丝覆盖保温。当严冬或酷暑过去,适宜于菌丝生长和子实体形成时,清除覆盖物,加强管理,即可生长并出菇。

(根据李志超论文摘编)

# 七、平菇周年生产技术之三

安徽淮南市食用菌栽培以平菇为主,多在秋季生产,难以满足市场的周年需要。为了探索平菇周年栽培技术,从 1989 年起,采取室内、大棚、露地结合,周年栽培平菇,并对农户生产状况做了调查,得到一点经验和体会。

## (一)品种配套,讲究菌种质量

过去平菇播种季节主要在 9～10 月,其他季节因气温过高或过低,一般不栽培。因此,要实现周年栽培,就必须注意品种配套,选择耐高温和耐低温品种。在实践中,气温较适宜的季节,使用佛罗里达平菇等效果较好。夏季使用皖引 1 号,菌丝生长温度 2℃～35℃,子实体形成温度 4℃～34℃,在气温高达 36℃时仍可出菇。冬季使用比较耐寒的 4011,菌块及子实体在经受过－8℃低温后也可正常出菇和生长。至于菌种质量好坏,则是栽培成功与否的关键。因此,无论采用哪个品种,都应选择菌龄 30～40 天,菌丝密集、粗壮、洁白,上部呈白色绒毛状,不脱水,瓶(袋)无破损,无杂菌的菌种。

## (二)采用发酵料,减少杂菌污染

两年的试验证明,采用发酵料栽培,无论春夏均未受到严重污染,而农户栽培中污染严重的都是未经发酵的生料。发酵的技术要点是:含水量掌握准确,温度控制适当,翻堆及时。培养料发酵后要求颜色黄亮、无酸臭味,含水量 60％～65％,无害虫和杂菌。1 次发酵培养料重量在 400 千克以上时,升温较快,容易成功。培养料太少时,升温慢,需要时间长,有时还会失败。

### (三)分期播种,辅以相应栽培方法

淮南市塑料大棚较多,大棚栽培于 12 月至翌年 3 月播种,选用耐寒或中温型品种。4～8 月播种的要选择中温型偏高或高温型品种,并注意采取降温措施。秋平菇在 9～10 月播种,室内外都可进行,以中温型品种为主。秋菇栽培较易成功,一般每千克鲜菇市场价 2.4～3 元。4～8 月播种的管理较困难,但市场价格高,每千克 4～6 元。室内栽培的重点是消灭蚊蝇和消毒,大棚和室外栽培的重点是消灭地下害虫。播种时将恩肥(每百千克干料加 6～10 毫升)拌入发酵料中。室内采用袋栽法,大棚或室外可用畦床栽培。具体方法从略。

### (四)适温发菌,培养良好菌丝

发菌期的管理重点是控制温度。有条件时,最好使温度维持在 20℃左右。温度低时,棚栽的可盖严棚膜,利用太阳能升温。严寒时可加设小塑料棚并盖草帘。室内栽培的可用煤炉增温。气温高时,室外栽培的可搭荫棚,或架设遮阳网。据试验,当气温高达 27℃时,在塑料棚上盖 5 厘米厚稻草,并适时喷洒井水,可将料温控制在 20℃以下,能抑制杂菌,促进菌丝生长。加设遮阳网也可降低温度 6℃～10℃。室内栽培的,要防止阳光直接射入室内,还可在地面上泼水降温。实践证明,只要培养料发酵成功,菌种质量有保证,温度控制在 20℃左右,平菇菌丝会生长良好,能获得较好产量。

### (五)调节好温湿度,夺取高产

整个出菇期,要控制好温度和湿度,并适当通风。当床面

的 70% 出现菌蕾时,将塑料薄膜掀去,袋栽的要敞开两头,以免影响幼菇生长,开始时空气相对湿度保持在 80%。喷水要轻喷、勤喷,切忌直接向幼蕾喷水。随着菇体长大增加湿度,使相对湿度保持在 90%,并可向菇体适当喷水。遇高温、干旱湿度难以保持时,畦床栽培的在沟内灌水;室内栽培可向地面多泼水。湿度大时要通风,但切忌大风直吹料面,防止造成幼菇死亡。出菇期温度最好控制在 15℃ 左右。

当菌盖充分打开,颜色变浅,边缘上卷,柄盖连接处出现茸毛时即可采收。采下的平菇可放塑料袋内,这样既便于出售,也利于保鲜。

(根据卢苏报道论文摘编)

# 八、平菇周年生产技术之四

高温平菇一般在 6 月上旬出菇,到 11 月份结束。此时出菇处已疏松变黑,不再出菇,但未出菇处菌块仍坚硬洁白,大部分菇农将菌袋弃去。笔者在偶然的机会中得到启发:考虑是否可以继续利用坚硬洁白菌块的菌丝活力及其残余的有效成分,延长高温平菇的生产周期,提高生物学效率,增加经济收益。经过近几年的摸索,初步掌握了高温平菇从 6 月上旬出菇,一直可延长到翌年 5 月份结束的周年生产栽培管理技术。

## (一)菌种选择与熟料栽培

选择适当的高温平菇菌种是周年生产成功的关键。经过近几年的试用,笔者认为侧 5 和苏平 1 号较为适合周年生产。

由于生料栽培带来了管理上的困难,笔者采用熟料袋栽,这样虽然成本大一些,但污染率很低,培养料养分不会流失,可以堆放,节省面积。

## (二)高温季节的栽培管理技术

高温季节栽培时必须注意降温保湿、补充营养、防高温突然袭击,即要在室内或遮阳的地方进行栽培。经常在地面喷水,这样既降温又保持了相对湿度。随栽培时间的推移,菌袋变轻,应注意补充营养物质和水分,同时防止高温的突然袭击。大约在 6 月上旬出菇,连绵不断出菇到 11 月份,生物学效率在 150% 左右。这样除出菇处菌块已疏松变黑外,其余部分均为坚硬洁白,但菌袋已减重一半。

## (三)低温季节的栽培管理技术

在收割杂交稻后的大田里挖好畦和排水沟,将脱袋后经剔除疏松变黑部分的菌块挨紧逐个横放在畦内,再在上面覆盖一层营养细土,厚度以盖没菌块为好。然后喷水,平盖薄膜和草帘,让菌丝复壮。1 周后即见细土上面已有部分子实体出现,这时可将薄膜和草帘揭去,适当喷水,用竹环拱起,盖上薄膜和草帘,像大田秋菇一样管理。一般两周后即可采收第一潮菇,其后的潮次并不分明,此起彼落,直至翌年 5 月,虽然产量不及前期,也可达前期的 70% 以上,总的生物学效率在250% 以上。

(根据高树生报道论文摘编)

# 九、台湾金针菇周年栽培技术

台湾金针菇的周年栽培,是以锯木屑和米糠为原料,在控温室内进行瓶栽。这种栽培工艺,不受自然气候和季节影响,有严格的操作技术和相应的设备条件。

## (一)周年栽培技术

### 1. 培养基的配制

使用经过堆积 2~3 年的锯木屑(新鲜的和 3 年以上的锯木屑不能使用,经过防腐剂处理的木材木屑也不能使用。木屑中的木片和树皮要筛除)和新鲜米糠,按 3~5:1 的比例混拌均匀,再按每立方米混拌料加水 330~360 升,拌匀即成培养基。

### 2. 装 瓶

用 800 毫升的 PP 瓶或玻璃瓶,大约每瓶装培养基 480克,用自动装瓶机和自动天平联合作业。装瓶后用 1 层纸和1 层塑料封口,防止水进入瓶内和浸湿封口纸。

### 3. 杀 菌

培养基装瓶后,用高压锅杀菌,120℃维持 30~50 分钟;或常压杀菌 100℃维持 4 小时又 10 分钟。培养料杀菌后温度降到 20℃才能开始接种。

### 4. 接 种

接种室需密闭、无杂菌。先用硫黄熏蒸或漂白粉杀菌,把培养瓶和菌种移入室内后,再用紫外线灯照射半小时,然后把菌种移接到培养瓶中。一瓶菌种接同样容量的培养瓶 50~60 瓶。

### 5. 培养菌丝

培养室用"保丽龙"(泡沫塑料)等保温材料建筑。室内温度均匀,保持 16℃~18℃,相对湿度 60% 以下,空气新鲜。室型为长方形,宽 2.65 米,长不定。放两排瓶架,中间通道宽

90厘米,瓶架与墙壁之间保持5厘米左右距离,有利于室内空气循环。培养瓶排放在培养室的瓶架上,经过20～30天,菌丝由上向下长满全瓶,即可进行催芽。

**6. 催菇芽**

催芽前,先去瓶盖和去菌皮,即把瓶口的纸盖去掉,并用去皮刀或去皮机把瓶口部分的原种和菌皮刮掉。再把室温调至10℃～12℃,相对湿度增加到80％～85％,促使菇芽形成。

**7. 抑制处理**

在菇芽长到0.2～2厘米长时将室温降至4℃～6℃,供给4～6米/秒速度的通风,经过3～5天,即达到抑制的效果。可使金针菇出菇整齐,组织紧密,颜色乳白,能提高产量和产品质量。

**8. 出菇管理**

出菇室的温度控制在7℃～10℃,相对湿度80％,给予适当的换气。菌瓶的排放距离应加大。当幼菇长出瓶口2厘米时,用厚纸或塑料筒做成喇叭口套接在瓶口上,防止金针菇倒伏和散乱,并能抑制开伞和保持菇柄颜色白嫩。经过5～7天,金针菇长到13～15厘米高时,去掉纸筒,即可采收。采收完毕后,再次催芽,同样管理,可收第二潮菇,产量和品质比第一潮菇差。

**(二)工艺流程**

室内控温瓶栽金针菇的工艺流程,如图25所示(从接种到采收全生产过程为50～60天,其中接种1天,培养菌丝20～30天,催芽12～14天,抑制3～5天,出菇5～7天)。

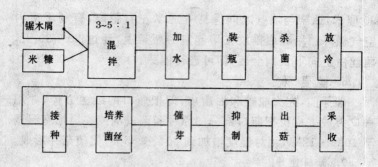

图 25 瓶栽金针菇工艺流程

### (三)主要设备

目前台湾的金针菇生产,以冷冻栽培为主,有设备良好的永久菇房,有马力强大的冷冻机,投资大,成本高。因此,主要靠冬季生产获得利润。

周年栽培金针菇的主要设备有自动筛屑机、自动混合机、自动天平、灭菌锅、柴油炉、煤气炉、自动去皮机、瓶盖清洁器、运瓶皮带、装瓶筐、消毒器、温湿度计、酒精灯、水分检定器、加湿器、紫外线杀菌灯、培养瓶(PP 瓶或玻璃瓶,800 毫升或 450～1000 毫升均可)。

### (四)金针菇的品质规格

台湾市场对金针菇的产品质量有如下规格标准。

**A 级品**

菌盖直径 1 厘米以内,菇柄长 15 厘米以内,全白色。

**B 级品**

盖径 1.5 厘米以内,菌柄长 13 厘米左右,略有黄色。

**C 级品**

未达 A,B 两级标准,或过大过小者。

金针菇的营养成分,见表 29。

**表 29　金针菇的营养成分　(%)**

| 水　分 | 蛋白质 | | 粗脂肪 | 可溶性无氮浸出物 | 粗纤维 | 灰　分 | 水溶性物质 |
|---|---|---|---|---|---|---|---|
| | 粗蛋白质 | 纯蛋白质 | | | | | |
| 88.45 | 31.23 | 13.49 | 5.78 | 52.07 | 3.34 | 7.58 | 61.16 |

注:水分为鲜菇的百分含量,其他成分为占干物质的百分含量

台湾金针菇除鲜食外,也制罐头和冷冻保存,或制干品外销,有的就在容器中连同培养基运往西欧市场作观赏品销售。

(根据杜自疆 1987 年《食用菌栽培技术》)

# 十、闽北气候条件下周年袋栽毛木耳

毛木耳的代料栽培,原料来源广,生产周期短,产量高,经济效益显著。为使毛木耳能周年生产,笔者根据多年对毛木耳的生产实践和研究,并结合闽北气候条件进行了袋栽试验。现将结果介绍如下。

## (一)气候特点

闽北山区属亚热带季风气候区,气候温和,雨量充沛,一般夏无酷暑,冬无严寒,全区年平均气温在 17.5℃～19.3℃。其中地区南部 18.5℃～19.3℃,中部 17.7℃～18.5℃,北部 17.4℃～17.8℃。全区最冷月(1 月)平均气温 6.2℃～9.1℃,最冷时段出现在 1 月上中旬,极端最低气温 -5.8℃～-9.5℃;最热月(7 月)平均气温 27.5℃～28.5℃,最热时段

出现在 7 月下旬至 8 月上旬,极端最高气温 39℃~41.4℃。由于地形复杂,各地小气候差异较大,"立体气候"明显,因而构成具有暖、温、凉多层气候和形式多样的中小气候,只要安排得当,趋利避害,一年四季都可以进行毛木耳代料栽培。

## (二)栽培时期

毛木耳属中高温型菌类,菌丝体一般在 10℃~40℃均能生长,适宜温度 22℃~32℃;子实体在 18℃~34℃也能分化生长,适宜温度 20℃~30℃。根据毛木耳生长特性和闽北气候条件,本区在毛木耳全年代料栽培中可分为 3 个栽培时期。

### 1. 适温栽培期(春栽)

时间从 2 月上旬至 6 月上旬。旬平均气温地区南部 9.9℃~24.4℃,中部 7.8℃~24.1℃,北部 6.9℃~23.6℃。气温适宜,可连续完成菌丝体到子实体的整个生长周期,且耳质好,产量高。在发菌阶段只要注意保温控湿,成功率高,是代料栽培最理想的季节。

### 2. 高温栽培期(秋栽)

时间从 6 月中旬至 9 月中旬,旬平均气温地区南部 25.4℃~28.8℃,中部 24.6℃~28.1℃;北部 23.8℃~27.9℃。此期间日最高温度等于或高于 35℃的天数,地区南部、中部有 38 天左右,北部也有 25 天。因此,在发菌阶段要防止高温烧菌。且由于气温高,杂菌也多,在菌筒培养初期菌丝细弱模糊,后期才逐渐粗壮、较白,到长耳时气温开始下降,耳片长势较慢,耳质厚。早期生产的菌筒基本上可在当年采耳,结束生产。后期生产的菌筒,只采收一批耳后由于气温偏低,影响继续出耳。在此期间培养菌筒室温要严格掌握,不宜超过 32℃,若高于 35℃就不宜生产,应安排在中、高海拔山区或阴凉的低山区更适宜些。

**3. 低温栽培期(冬栽)**

时间从9月下旬至翌年1月下旬。旬平均气温地区南部24℃～8℃,中部23℃～7℃,北部22℃～6℃,气温先高后低。此期间有利菌丝体生长,后期气温低,不适宜子实体生长发育。菌筒长满后要休眠一段时间,待气温回升气候变暖才开始长耳。由于气温低杂菌也少,温度低在冬季接种后要及时加温,待接种穴萌发,直径长到2～3厘米即可停止加温或少加温,让其自然生长(10月以前接种的可不必加温),冬栽毛木耳翌年可望最早上市鲜销。

**(三)袋栽技术**

**1. 选料配方**

木屑76%,麸皮15%～20%,碳酸钙2%,糖0.5%～1%,过磷酸钙0.3%～0.5%,尿素0.2%,硫酸镁0.08%,磷酸二氢钾0.07%。拌料要均匀,培养料含水量以60%～65%为宜。高温期在配料中要加入0.2%～0.3%生石灰,酸碱度调节至微碱性。从加水拌料至上锅灭菌必须在6小时内完成,以免因时间过长,杂菌繁殖快,使料筒产热、产酸、产气(胖袋)。

**2. 装袋灭菌**

选用15厘米×55～65厘米低压聚乙烯薄膜袋,秋栽菌筒应短一些,冬季则可稍长,约装干料0.9千克,袋筒松紧度要适宜,灭菌要彻底。

**3. 接种发菌**

灭菌后要在适温(菌筒手摸要有温热感)下接种,并且加大接种量,接种后及时加温。秋栽菌筒以"井"字形排放为好。

每层放 2 筒,每堆 3～5 层,堆与堆之间要有一定的距离,以利散热;冬栽菌筒可按柴片式排放,春栽按每层 4 筒排放,接种孔要重叠压住,以免接种块干掉。当接种穴的菌丝体生长到直径 3～4 厘米时,菌丝生长旺盛,放出的热量增加,此时要注意通风降温,以免烧菌(菌丝体由白色变为浅暗橙色,菌丝看不清)。气温高时,必须翻堆疏散菌筒。培养室要求清洁、干燥,冬暖夏凉,通风,不能有强光,温度最好控制在 22℃～32℃。如果发现菌丝不走,则要刺孔增加氧气,以促进菌丝生长。菌丝体长满筒后便可开孔催芽。

**4. 场地选择和出耳管理**

耳棚要求附近有水源,交通方便,向阳通风,环境清新。耳棚南北两侧的草帘要离开地面,以利通风。耳棚光线要适中,光线不足,耳片色浅、较薄、背面毛少;光线太强,耳片色深、较厚、毛多。以七阴三阳为好。棚内相对湿度以 85％～95％为好。长期湿度过大,则易感染杂菌;湿度偏低,耳片易干枯,生长速度也慢。因此,必须湿湿干干、干干湿湿,方能达到稳产高产。

(由占朝新供稿)

# 十一、地热温室周年栽培草菇

河北省雄县位于东经 116°2′,北纬 39°。气温干燥寒冷,冰期 2 个月以上。少雨(降水量 400 毫米),70％～80％的雨水集中在 7～8 月。1 月最低气温−5℃以上,7 月平均最高气温 27℃左右。春夏秋三季可以栽培食用菌,冬季少水缺热,不能生产食用菌。

河北农业大学和雄县地热局协作,利用阳光辐射和地热资源,建造地热温室和塑料大棚设施,进行周年栽培草菇试验,取得了较好的效益。冬春秋季用温室栽培,夏季用塑料大棚栽培,草菇的生物学效率分别为 28.1％,31.2％,27.4％,24.5％,以夏季栽培产量最高,这与水热丰富有关。主要技术介绍如下。

## (一)供热系统

地热为深井水提供,井深 532.42 米,井径 114.3 毫米,水温 73℃,关井压力 88.26 千帕,日自流量 804 立方米,矿化度 2.5 毫克/升,pH 值 7.3。

## (二)温室结构

地热温室,坐北朝南,面积 300 平方米,长 50 米,宽 6 米,中高 2.15 米,无后屋顶。南侧屋面采用 GPD 0625 型双镀锌钢管装配式温室拱架。以聚乙烯薄膜为覆盖材料,夜间覆盖草苫。除装圆翼型散热器加热外,还在栽培床下 40 厘米处埋设 38 毫米塑料管通热水,增加土温。地温管间距 80 厘米。当室外降温至 −12℃时,温室内可保温 18℃。塑料大棚南北向,长 60 米,宽 10 米,中高 3 米,采用 GPC 1025 型镀锌钢管装配式大棚拱架。地下 40 厘米处埋设 38 毫米塑料管,用以提高土温。

上述两温室调控,均通过控制热水量调节室内与棚内温度。

## (三)畦的规格

栽培畦长 5 米,宽 80 厘米,埂高 30 厘米。做畦前浇少许水,做畦后充分灌足水,以利于保持培养料含水量和畦内空气湿度。

### (四)备料播种

培养料为棉籽壳,先曝晒 3～4 天,利用 pH 值 14 的石灰水,按料水 1:1.8 的比例拌料,堆积发酵(长宽各 1 米),每堆干料 50 千克,春夏秋季自然气温下堆制,冬季于温室内堆制。料温要求 50℃～60℃,经 24 小时翻 1 次堆。当料温升至 50℃～60℃再经 24 小时发酵结束,含水量调节为 65%,pH 值 9 左右。采用条形铺料播种,将畦宽 80 厘米分为 5 等份,各条宽 16 厘米,中间一条填加肥土,中间两侧各条填培养料,用料量为 10 千克/平方米,铺料后稍拍实,于料面播种,菌种量为 4%～6%,播后在菌种上再撒一薄层培养料。全部播种结束,再于两条培养料外侧各贴覆 5～6 厘米厚土,使畦内培养料和填加的肥土(土壤加 30% 晒干粉碎的圈肥,用 pH 值 8～9 石灰水调湿至手捏成团,落地即散为宜)呈梯形。然后在畦面上架设小拱棚,其上覆盖薄膜,保温保湿。

### (五)栽培管理

发菌期保持畦温 28℃～30℃,料温 30℃～35℃,每天通风 1～2 次,每次 30～40 分钟,4 天后延长通风时间为 40～60 分钟,6～7 天视菌丝生长和料温情况,浇 pH 值 8～9 的石灰水调湿,其后 1～2 天即大量形成子实体原基。现原基后除注意保温外,还要注意通风换气,增加光照,经 4～5 天便可采收。

头潮菇采收后,立即检测培养料的温湿度和酸碱度,根据具体情况,用石灰水调整料湿度达 70% 左右,pH 值 8～9,促进养菌。同时也可防止杂菌发生,经 4～6 天再次检查与调节培养料的湿度和酸碱度,为出二潮菇创造条件。

(根据香永田等报道论文摘编)

# 十二、食用菌室内周年生产模式

湖北武汉位于北纬 $29°57'\sim31°22'$,东经 $113°41'\sim115°5'$,地处江汉平原东缘。年平均气温 $15.8℃\sim17℃$,最冷月与最热月的较差为 $25.5℃$,积温 $4\,900℃\sim5\,220℃$,年降水量为 $1\,200$ 毫米左右,年平均相对湿度为 $78\%$,属中亚热带向北亚热带过渡的湿润季风气候。该地区四季分明,热富水丰,温、水同季,雨、热同季。这些气候特点,有利于食用菌周年生产。

华中农业大学应用真菌研究室,在室内的生境下,采用不同温型食用菌的科学组合周年生产模式。总栽培面积为 $138.9$ 平方米,年总产值为 $37\,173.6$ 元,年利润 $24\,351.2$ 元。认为经济效益大小由复种指数,品种搭配,单产水平,产品价格等因素的综合作用。现将主要技术介绍如下。

## (一)菇房的建造

菇房采用泡沫塑料和砖瓦两种结构。床架为角铁或平板钢支架,钢板网或塑料板铺成床面,每床设 5 层,层间距 $45\sim50$ 厘米,具体规格如表 30 所示。

**表 30　菇房结构、面积与立体利用面积**

| 菇房结构 | 平面面积<br>(米²) | 平面积利用率<br>(%) | 立体有效利用面积<br>(米²) |
|---|---|---|---|
| 泡沫塑料 | 60 | 100 | 140 |
| 砖　瓦 | 43.9 | 75 | 72 |

## (二)菇房的小气候与温期划分

菇房的小气候与室外相比具有隔热、保温、保湿性能。4月中旬至9月中旬的平均室温比室外低0.3℃～3.7℃,9月下旬至翌年4月上旬的平均室温比室外高0.1℃～15.6℃,昼夜温差室内比室外小3℃～5℃,不受室外极端高温(40℃)和极端低温(-2℃)干扰,这是室内栽培的生境优势。室内保湿性良好,进入出菇期,在人工适当调节下,全年空气相对湿度可稳定在80%～90%,基本满足了各类食用菌子实体形成、分化和生长的需求。

据记载,室内日平均温度在25℃～35℃的天数,累计113天,集中在7～8月份,仅适宜栽培高温型食用菌。日平均温度在8℃以下的天数,累计29天,集中在最冷的12月至翌年2月,适宜栽培低温型和中低温型食用菌。日平均室温在8℃～25℃的天数,累计223天,适宜中高温、中温和中低温型菇的生长。据此,将周年室温划分为4个温期以及相应适种的菇类,作为周年生产菇类安排组合的依据(表31)。

**表31　温期划分、室内旬均气温及适种菇类**

| 温　期 | 月　份 | 旬均气温(℃) | 适种菇类 |
|---|---|---|---|
| 中温型 | 3月下旬至6月中旬 | 11.2～25.5 | 中高温型、中温型、中低温型 |
| 高温型 | 6月下旬至9月中旬 | 24.5～29.9 | 高温型 |
| 中温型 | 9月下旬至12月中旬 | 6.6～26.7 | 中高温型、中温型、中低温型、低温型 |
| 低温型 | 12月下旬至翌年3月中旬 | 3.5～16.6 | 中低温型、低温型 |

### (三)生产品种搭配及日期

依据上述温期划分范围,结合各菇类的温性、市场信息和消费习惯,选择高、中、低温性品系进行科学搭配,均衡上市,产品畅销(表32)。

**表32　周年生产菇类品种搭配及生产日期**

| 搭配方式 | 各菇类生产日期 |
|---|---|
| 长短搭配(指生长期长和生产期短的品种搭配) | 草菇(7月1~25日)→草菇(8月1~25日)→香菇(9月1~30日) |
| 中短搭配(指生长期中等和生长期短的品种搭配) | 银耳(5月10日至6月25日)→草菇(7月5~30日)→草菇(8月8日至9月5日)→银耳(9月10日至10月21日)→平菇(11月20日至翌年4月4日)→银耳(4月10日至5月15日) |
| 短短搭配(指生长期均短的品种搭配) | 银耳(5月1日至6月5日)→草菇(6月10日至7月5日)→草菇(8月10日至9月10日)→银耳(9月20日至10月30日)→金针菇(11月10日至12月20日)→金针菇(12月25日至翌年2月8日)→金针菇(2月12日至3月25日)→银耳(4月1日至5月5日) |

上述搭配品种必须先做出菇试验,方可用于生产,以防延误换茬时间。

### (四)栽培方式选择

要求制种、栽培操作简便,防杂力强,成品率高,生物学效率高,均作为选择的依据。因此,除草菇采用生料床式栽培外,其他菇类均采用熟料袋(筒)式栽培。具体选用的品种、栽培方式、规格、用料量(干)等参照表33。

## 表33　栽培方式及用料量

| 品　种 | 栽培方式 | 规　格 (厘米) | 用料量 (千克/袋或千克/米²) |
|--------|----------|--------------|----------------------------|
| 香　菇 | 菌筒式 | 15×50 | 0.8 |
| 平　菇 | 菌袋式 | 24×45 | 0.8 |
| 银　耳 | 菌筒式 | 12×50 | 0.65 |
| 金针菇 | 菌袋式 | 17×33 | 0.23 |
| 草　菇 | 床　式 | 200×70×7 | 10 |

### (五)培养料配方原则

选择培养料配方要求原料粒度粗细比例适当,主辅料适量,碳氮比合理,料水比适宜,透气性好。取用新的代用料,要以常规配方为依据,决定新代料的添加量。

### (六)栽培管理技术要点

第一,生境的清洁消毒。生产环境包括内外环境,两者相互联系,相互影响。因此,清洁消毒的范围要考虑整体、全面,措施严密彻底。室外日常注意清除一切污染源,杀虫灭菌。室内每结束1个生产周期,必须多次冲洗,揩拭,再喷洒800倍安得利液和0.5%过氧乙酸液杀虫灭菌,尔后通风干燥待用。

第二,适时接种(或播种)。银耳、香菇、金针菇每瓶接15袋,平菇、草菇菌种用量为干料重的15%左右。强化无菌操作,严防杂菌污染,将成品率控制在95%以上。

第三,培养优质菌种,严控菌龄。银耳、草菇不超过25天,香菇、平菇、金针菇不超过40天。

第四,平菇、草菇的培养料全部进行堆制高温发酵。堆温60℃以上48小时,发酵过程中先后翻堆3～4次。保证发酵质量是生料栽培的关键。

第五，保证发菌条件。适温（23℃～25℃），低湿（空气相对湿度70%以下），每日定时通风（3～4次），避光（或弱光），及时排杂。银耳接种12天，及时掀孔透气，18～20天撕胶布扩大透气口。香菇达生理成熟后，脱袋排场。

第六，子实体分化期，加强通风，每日2～3次，进光诱导（40～400勒）。香菇在18℃～23℃下转色最好，并给予8℃以上的昼夜温差和干湿差刺激。

第七，子实体发育阶段，重点抓控温调湿，针对各类菇的要求采取升温、通风、光照、喷水等措施。温度草菇30℃～32℃，香菇15℃～25℃，银耳24℃，平菇13℃～18℃，金针菇4℃～8℃；空气湿度80%～95%；通风每日3～4次，每次20～30分钟；给予散射光照（200～400勒），并通过浸、喷、注射补充水分。

第八，采收后，清理菌袋（筒）或菌床，过3～5天停止喷水，促菌丝恢复，其后进行正常水分管理。

第九，金针菇现蕾后，拉直袋膜呈筒形，以保湿控氧，使袋内空气湿度在85%，二氧化碳浓度提高到1%～3%，培养柄长、盖小、色白的优质菇。

第十，害菌害虫防治。以防为主，综合防治，促菌控害。搞好生境的清洁消毒。加强生产过程的综合管理，于食用菌的不同生育阶段对温、湿、气进行合理调控，促进食用菌生长优势。一旦严重发生病虫害，可采取有效措施防治。杂菌用0.5%过氧乙酸溶液或5%石灰清水喷雾。局部发生病害可以不防治，不脱袋，刮去或除去病块，用水冲洗干净，晾干，再喷0.5%过氧乙酸液。发现害虫，可使用0.1%安得利液喷洒。

（根据朱兰宝等报道论文摘编）

# 十三、菇类周年生产供应配套技术

江苏地处长江、淮河下游,气候温和,雨量充沛,是"一山、二水、七分田"的地域,蕴藏着丰富的野生食用菌资源,栽培原料充足,适于多种菇耳类生长;与此同时工农业发达,交通方便,技术力量雄厚,有较强的深加工能力,发展食用菌生产实行多层次增产增值具有很大的潜力和优势。

为了振兴经济,丰富人民生活的菜篮子,开拓和发展创汇农业,省农科院系统在研究单项菇类高产栽培的基础上,根据市场导向,确立科研重点,在南京、常州、南通开展周年生产试验。自1991年立为省科委研究项目后,以金针菇、平菇、草菇、香菇为主体研制成不同的生产模式。经过多年努力,通过品种比较、筛选推广优良菇种,进行高产栽培探索,开展病虫害防治,应用不同菇类品种搭配,不同温度型组合,不同季节科学种植,使周年生产供应技术配套,推出系列的行之有效的栽培模式。遵循充分利用自然条件,因地制宜种植的原则,围绕提高复种指数,提高设备利用率,提高生产技术,提高堵淡补缺能力的目标,为扩大规模经营、集约化生产的周年供应提供依据。现将有关技术介绍如下。

## (一)温度条件和温期划分

江苏省从南到北由于地域不同而温度有所差异,通常分为苏北、苏中和苏南片,分别以淮阴、扬州、常州和南京为代表,全年逐月温度变化见表34。

表 34　江苏省 3 片代表城市全年温度变化　(℃)

| 片名 | 城市 | 1月 | 2月 | 3月 | 4月 | 5月 | 6月 | 7月 | 8月 | 9月 | 10月 | 11月 | 12月 |
|------|------|-----|-----|-----|-----|-----|-----|-----|-----|-----|------|------|------|
| 苏北 | 淮阴 | 0.1 | 1.9 | 6.9 | 13.6 | 19.0 | 23.9 | 26.9 | 26.7 | 21.6 | 15.7 | 9.1 | 2.7 |
| 苏中 | 扬州 | 1.6 | 3.2 | 7.9 | 14.1 | 19.2 | 24 | 27.7 | 27.3 | 22.4 | 16.5 | 10.2 | 4.1 |
| 苏南 | 常州 | 2.38 | 3.95 | 8.05 | 14.38 | 19.32 | 24.1 | 28.26 | 28.35 | 22.96 | 17.2 | 11.13 | 5.03 |
| 省城 | 南京 | 2 | 3.8 | 8.4 | 14.8 | 19.9 | 24.5 | 28 | 27.8 | 22.7 | 16.9 | 10.5 | 4.4 |

注:月温度为历年气象资料的平均数

由上表可知:低温季节苏北与苏南约差 2℃左右,苏中与苏南差 1℃左右。根据全年温度变化规律对照 4 种菇类的温度型,将菇类周年栽培划分 4 个时期:一是低温期,12 月至翌年 3 月上旬,温度在 6℃以下;二是中低温期,3 月上旬至 4 月下旬和 11 月中旬至 12 月中旬,温度在 6℃~15℃;三是中高温期,4 月下旬至 6 月中旬和 9 月中旬至 10 月下旬,温度在 16℃~22℃;四是高温期,6 月下旬至 9 月中旬,温度在 23℃~28℃。明确全年温度期便能掌握规律,对照不同菇类的生育要求,充分利用自然条件,增加复种指数,提高管理水平,在规格效益上求得新的发展。

## (二)主要菇类周年生产模式

周年生产模式以季节气温变化为依据,选择抗逆性强,优质高产良种,合理搭配,科学管理,实现四季产菇。将高密度、高复种、高效益贯穿于全过程,为发展规模经营、集约化生产服务。现将 5 种模式简介如下。

### 1. 平菇周年生产

秋平菇以广温型和低温型为主,早秋栽培从 8 月下旬至 10 月中旬,气温高以熟料袋栽为主,品种用杂交 3 号、17 号。晚秋 10 月下旬后用杂 3、1012 等低温型,可以生料、发酵料袋栽或床栽。春平菇仍以广温型为好,夏平菇选用高温型、广温型,种于瓜、豆、葡萄架下或稻行套种,通过改变小气候以利于平菇生长发育,达到全年供应。

**2. 平菇—草菇周年生产**

秋平菇同上模式,6月中旬至8月中旬分期分批种2～3茬草菇,早播草菇以GV34为主,耐低温,7月上旬后可用华农、V35等,有利缓和伏缺,提高经济效益。

**3. 香菇—草菇周年生产**

香菇选用低中温类型Cr02、Cr33、8065等,8月中旬至10月下旬制种,9月中旬至12月脱袋埋土;6月中旬至8月中旬穿插草菇,长短结合,效益较高。

**4. 金针菇—平菇—草菇周年生产**

以低温型金针菇代替秋平菇,搭配广温型春播平菇和高温型草菇;金针菇选用$F_7$、杂交19等品种,9月下旬至12月上旬分期分批制栽培种,品种花色多,重点抓好茬口衔接,以利于周年供应。

**5. 金针菇—平菇—草菇—香菇周年生产**

多品种综合型模式;长、中、短全方位结合,计划性强,技术要求高,应精细管理,重视病虫害防治。

通过全年科学安排,实行多品种周年生产,可以显著提高经济效益(表35)。

以上模式各地可根据自身条件,因地制宜,选择应用。

**(三)菇类病虫害及其防治**

**1. 主要虫害**

以菇蝇、螨类、跳虫、鼠妇、蛞蝓、蜗牛等6种发生频率高,为害大。

表 35 4种菇类周年生产供应的不同模式

| 编号 | 月份 温度(℃) | 1<br>0.1~<br>2.38 | 2<br>1.9~<br>3.95 | 3<br>6.9~<br>8.4 | 4<br>13.6~<br>14.8 | 5<br>19~<br>19.2 | 6<br>23.9~<br>24.5 | 7<br>26.9~<br>28.26 | 8<br>26.7~<br>28.35 | 9<br>21~<br>22.96 | 10<br>15.7~<br>17.2 | 11<br>9.1~<br>11.13 | 12<br>2.7~<br>5 | 温型 |
|---|---|---|---|---|---|---|---|---|---|---|---|---|---|---|
| 1 | 平菇周年生产模式 | 秋平菇●●●●● | ●●●●● | 春平菇●●●● | ●●●● | 春平菇●●● | ●●● | 草菇●●● | ●●● | ●●●●● | 秋平菇●●●●● | ●●●●● | | 低温广温 |
| 2 | 平菇—草菇周年生产模式 | 秋平菇●●●● | ●●●●● | 春平菇●●●● | ●●●● | 春平菇●●● | ●●● | 草菇●●● | ●●● | ●●●●● | 秋平菇●●●● | ●●●● | | 中温广温<br>高温广温 |
| 3 | 香菇—草菇周年生产模式 | 秋香菇◇◇◇◇ | 春香菇◇◇◇ | 春香菇◇◇◇ | 春香菇◇◇◇ | ◇ | ◇ | 草菇◎◎◎◎◎ | 草菇◎◎◎◎◎ | ◎◎◎◎ | ◇◇◇秋香菇◇◇◇ | ◇◇◇ | | 中温广温<br>高温广温<br>低温中温 |
| 4 | 金针菇—草菇周年生产模式 | 金针菇◆◆◆◆ | 金针菇◆◆◆ | 金针菇◆◆◆ | ●●● | 春平菇●●●● | 草菇◎◎◎◎ | 草菇◎◎◎◎ | 草菇◎◎◎◎ | ◎◎◎ | ◆◆◆ | 金针菇◆◆◆ | ◆◆◆◆ | 中温<br>高温 |
| 5 | 金针菇—草菇—平菇/草菇—香菇周年生产模式 | 金针菇◆◆◆ | 春平菇●●●● | 中高温平菇●●● | ●●●● | 草菇◎◎◎◎ | 草菇◎◎◎◎ | 草菇◎◎◎◎ | 高温平菇●●●● | ●●●● | ◆◆◆秋香菇◇◇◇ | ◆金针菇◆◆◆ | ◆◆◆◆ | 中温广温<br>高温<br>综合 |

注：平菇● 草菇◎ 香菇◇ 金针菇◆

139

**2. 主要病害**

据草菇上调查记载,杂菌、病害 13 种,其中以木霉发生最多,其次为拟青霉、鬼伞等,特别木霉是菇类食用菌生产中的重点防治对象。

**3. 综合防治**

(1)选用抗病品种 以平菇为代表分别两次测定 24 个菌株和 3 个菌株,其耐、抗病性差异较大,糙皮、902、杂交 3 号、宁杂 1 号、F、紫孢、钟山 1 号、杂 17 等抗霉能力强,表现为菌丝生长迅速,吃料快。

(2)农业防治 搞好环境卫生,选用新鲜原料,认真消毒灭菌,严格无菌操作,培养室安好纱窗纱门,夏秋高温期用熟料栽培。

(3)化学防治 对绿霉菌加 0.1% 多菌灵拌料作为抑菌剂,已发生时用 0.15%~0.2% 双效灵防治,防效达 90% 左右,且安全无毒,不伤菌丝。一般害虫用敌敌畏棉球熏蒸杀虫、驱虫,对双翅目、螨类、鳞翅目害虫有效。棉球吊挂距床面 15 厘米,间距 1.5 米/只,此法简单经济有效。

（由蒋时察供稿）

# 十四、多品种搭配周年生产技术

上海市郊区地处北纬 31°13′,东经 121°19′。海拔 4.1 米。春季(3~5 月)、夏季(6~8 月)、秋季(9~11 月)、冬季(12 月至翌年 2 月)的季平均气温分别为 13.8℃,26.1℃,17.1℃,4.4℃,最高温度 36℃,最低温度 −5℃。

市食用菌菌种站经过历时 5 年的试验研究,筛选和确定了适合本地区周年生产的搭配品种及其配套技术,确立了周年生产的 3 种主要茬口模式。食用菌多品种搭配周年生产使菌种生产时间由原来 2 个月延长到 7～8 个月,提高了菌种生产设备的利用率和菌种生产的经济效益,栽培菇房由原来单纯栽培 1 茬,提高到栽培 3～4 茬,基本上周年利用。现将有关技术介绍如下。

## (一)建立周年生产茬口模式

### 1. 建立优化模式应遵循的几个基本原则

利用菇房进行食用菌多品种搭配周年生产,必须做到对时间和空间利用的高密度,栽培管理的高水平,投入产出的高效率。因此,在进行大量调查研究的基础上,首先提出了建立优化茬口模式必须遵循的 5 个原则。

(1)提高菇房复种指数　选择生长周期短,出菇集中的品种,以利于茬口衔接,从而使菇房的复种指数比常规栽培提高2～3 倍。

(2)提高空间利用率　利用床架种植的优势,要求每个菇房的实际栽培面积是建筑面积的 2 倍以上。

(3)控制病虫害　根据不同种类、不同品种生长发育对环境温度的要求,区分类型,有机组合,使这些品种在同一空间的不同季节生产。在建立茬口模式时,对控制病虫害的发生要有自然的制约机制。

(4)有利于就地取材　考虑品种组合时,必须选择适应性强、能综合利用城乡工农业、林副业副产品资源的品种,就地取材方便。

(5)有利于淡季供应　适应市场销售需要,特别是对补充蔬菜夏冬两个淡季的供应发挥作用的食用菌要重点组织生产。

## 2. 周年生产的温区划分

根据上海郊区的气象资料和以往室内温度的观察记载，把菇房温度划分4个温区，为茬口模式的建立提供科学依据（表36）。

**表36  温区划分与旬平均气温**

| 温区划分 | 时间(月/旬) | 旬平均温度范围(℃) |
|---|---|---|
| 低温区 | 12/下～2/下 | 3.2～5.5 |
| 中低温区 | 3/上～4/中 | 6.8～14.0 |
| | 11/中～12/中 | 6.2～14.7 |
| 中高温区 | 4/下～6/中 | 15.6～23.2 |
| | 9/中～10/下 | 15.9～23.5 |
| 高温区 | 6/下～9/下 | 24.6～28.5 |

## 3. 不同品种对温度条件的要求

在建立优化模式原则指导下，经过对各品种反复栽培试验研究，把适应不同温度类型的食用菌进行茬口组合搭配，包括了高、中、低以及中高温、中低温类型的品种。作为茬口搭配的食用菌对温度条件的要求，见表37。

**表37  几种食用菌不同生长阶段对温度条件的要求**

| 种类 | 温度类型 | 适应温区 | 菌丝生长 温度范围(℃) | 菌丝生长 适宜温度(℃) | 子实体生长 温度范围(℃) | 子实体生长 适宜温度(℃) |
|---|---|---|---|---|---|---|
| 金针菇 | 低温型 | 中低温—低温 | 6～30 | 20～26 | 5～19 | 8～14 |
| 香 菇 | 中低温型 | 中高温—中低温 | 5～34 | 20～26 | 6～22 | 12～18 |
| 香 菇 | 中高温型 | 中高温—中低温 | 5～34 | 2～26 | 8～25 | 18～22 |
| 平 菇 | 中低温型 | 中高温—低温 | 6～35 | 20～26 | 5～22 | 10～18 |
| 黄背木耳 | 高温型 | 中高温—高温 | 8～33 | 22～26 | 10～35 | 24～30 |
| 草 菇 | 高温型 | 高 温 | 15～45 | 30～34 | 22～35 | 26～32 |

#### 4. 食用菌周年生产的几种优化茬口模式

经过 5 年试验研究和多点生产示范,建立了以下适合当地气候特点,具有较好经济效益和社会效益的周年生产茬口模式。

第一,6 月下旬至 8 月下旬,大床栽培高温型草菇 1～2茬;9 月上旬至 11 月中旬,大床脱袋栽培中高温型香菇;11 月下旬至翌年 3 月下旬塑料袋栽培金针菇 1～2 茬;4 月上旬至6 月中旬压块栽培或大床脱袋栽培中高温型香菇。

第二,6 月上旬至 8 月中旬塑料袋栽培高温型毛木耳(黄背木耳);8 月上旬至 11 月中旬床式压块栽培中高温型香菇;11 月中旬至翌年 1 月下旬塑料袋栽培金针菇;2 月上旬至 5月下旬大床栽培或大床脱袋栽培中低温型香菇。

第三,6 月下旬至 7 月中旬利用蘑菇废弃料大床栽培草菇;7 月下旬至 8 月下旬大床栽培草菇;9 月上旬至翌年 5 月栽培蘑菇;12 月下旬至翌年 2 月下旬,利用蘑菇菌丝越冬休眠在蘑菇床架上"插种"一茬塑料袋栽培金针菇。

#### (二)筛选和确定食用菌周年生产的搭配品种

原来一年生产一茬的栽培模式,选择生产用种时,对出菇时间长短这一农艺性状要求不太严格,一些传统的生产用种普遍存在着出菇时间过长的缺陷。要适应周年生产的茬口,缩短生产周期,提高菇房复种指数,必须选育易于出菇、转潮迅速、出菇集中整齐、早熟高产、生活力强、适应性强的优良品种。5 年来筛选和确定的主要品种特点简述如下。

#### 1. 中高温型香菇新品种 8065

这种香菇子实体属于中叶型到大叶型。秋季栽培塑料袋菌龄为 100～120 天,一般 3 月上旬制原种,4 月下旬至 5月上旬制栽培种,培养基的辅料比例比一般品种提高2%左右,出菇时间主要集中在9月下旬至10月中旬的二潮菇内。春季栽培一般在10月中旬制栽培种,利用自然温度发菌,第二年4月中旬压块,5月上中旬开始出菇,6月份采收结束。

**2. 中低温型香菇8517和从793系统分离出的菌株**

这些菌株属于中叶型,香味浓郁。它们对温差和干湿刺激出菇反应灵敏,刺激出菇效果好,栽培季节容易掌握,对培养基的分解力强,出菇时间相对集中,产量高。

**3. 适合脱袋栽培的香菇品种9010、农-1、松-11、C-1**

这些菌株脱袋栽培的平均单产在0.2~0.23千克/袋,单菇重在11.6~18.5克之间,脱袋后易形成菌膜,转色好,保水性强,出菇早,单产高。一般要求5月上旬至6月中旬制种,8月中下旬开袋,9月中旬出菇。

**4. 金 针 菇**

以沪菌3号为代表的乳白色-浅黄色品种,一般在18℃以下出菇,在适宜的温度条件下,一般在菌丝发到袋底后再行出菇,其产量主要集中在第一、二潮菇,菇体色泽对光线不敏感。以$E_v$-7、$E_v$-12为代表的浅金黄色-金黄色品种,出菇适宜温度范围比较宽,出菇早,转潮快,产量高,鲜菇质地脆嫩,菇体色泽对光线比较敏感。

**5. 草 菇**

筛选确定V23系列中的V-23-4、V-23-1、V-4菌株作为生产用种。这些菌株属大粒型,生活力强,出菇快、整齐,转潮迅速,生物学效率30%以上,适宜于6月中下旬至8月中下旬室内二茬栽培。

**6. 毛 木 耳**

AP-48(黄背木耳)这个品种适应性强,抗高温,原基形成早,产耳期集中,生物学效率超过 100%,甚至可达 150%,耳片鲜嫩,食用风味甚佳。4 月中旬至 5 月下旬制种,可以从 5 月下旬到 9 月下旬栽培和采收上市。尤其以 6 月上旬至 8 月中旬为最适栽培季节。

**7. 平　菇**

选定 PL-1、PL-2 中低温型菌株作为周年生产的搭配品种。这两个菌株出菇快,菇峰间歇时间短,适宜于袋栽和大床栽培,是冬季和早春蔬菜淡季生产和供应的一个重要品种。

### (三)食用菌周年生产的配套技术

室内多品种搭配周年生产的有利条件是环境相对稳定。5～9 月间,旬平均温度菇房内比室外低 1℃～3℃,11 月至翌年 3 月间,旬平均温度菇房内比室外高 3℃～10℃。菇房具有一定的隔热性和保温性,为食用菌生产创造了有利条件。室内栽培的不利一面是通气性差,温湿郁闭,病虫滋生快,重复侵染多,病虫防治的难度大,对迅速有效地刺激出菇技术要求高。因此,根据室内生态环境的自然规律和不同茬口模式的栽培要求,通过试验研究解决周年生产的配套技术(表38)。

利用自然温度进行品种搭配周年生产食用菌,制种和栽培的季节都发生一些变化。围绕 3 种栽培模式,通过反复的试验摸索,在掌握每个品种在各自的茬口模式中最佳栽培出菇时间的基础上,对制种时间做了相应的改进,使制种与栽培紧密衔接。

决定制种与栽培季节的 3 个要求:一是充分利用自然温度,培养菌种,栽培出菇,尽可能地不采用人工加温或降温措施;二是把握最为适宜的菌龄,既要防止菌龄过老,造成菌种

表 38　几种食用菌周年生产的制种与栽培季节

| 月 | 1 | 2 | 3 | 4 | 5 | 6 | 7 | 8 | 9 | 10 | 11 | 12 |
|---|---|---|---|---|---|---|---|---|---|---|---|---|
| 旬 | 上中下 | 上中下 | 上中下 | 上中下 | 上中下 | 上中下 | 上中下 | 上中下 | 上中下 | 上中下 | 上中下 | 上中下 |
| 高温草菇第一茬 | | | | | | ——— | ×××× | ×× | | | | |
| 高温草菇第二茬 | | | | | | | ——— | ×× | ×××× | | | |
| 中高温香菇秋季袋栽 | ×××× | ×× | ——— | | | | | | | | ×× | ×× |
| 中高温香菇春季袋栽 | | | ——— | ×××× | ×× | | | | | | | |
| 中高温香菇秋季块栽 | | | | ——— | ×××× | ×× | | | | | | |
| 中高温香菇春季块栽 | | | ——— | ×××× | ×× | | | | | | | |
| 高温黄背木耳 | | | | | | | | ——— | ×××× | ×× | | |
| 低温金针菇第一茬 | ×××× | ×× | | | | | | | | ——— | ×× | ×× |
| 低温金针菇第二茬 | ×××× | ×× | | | | | | | | ——— | ×× | ×× |
| 中低温平菇袋栽 | ×××× | ×××× | ×× | | | | | ——— | ×××× | ×××× | ×× | ×× |
| 中低温平菇大床栽培 | ×××× | ×××× | ×× | | | ——— | | | | | | |
| 中低温香菇块栽 | ×××× | ×× | | | | | | | | ——— | ×× | ×× |
| 中低温香菇袋栽 | ×××× | ×× | | | | | | | | ——— | ×× | ×× |

注：——制种期　××××栽培期

生命力衰退,养分过多消耗,出菇后劲不足,又要防止菌龄过短,不能及时整齐地出菇而延误生产季节;三是按各种品种制种和栽培的不同要求,建立技术规范操作程序,为周年生产提供高质量的菌种。

(根据陈德明报道论文选编)

# 十五、利用自然气温周年生产食用菌

湖北荆沙市(现为荆州市)市郊位于东经 112°09′,北纬 30°21′,海拔高度为 34.2 米。该地区年平均气温 16.2℃,1～12 月平均气温依次为 3.3℃,4.5℃,9.9℃,16.1℃,22.5℃,24.5℃,27.9℃,27.7℃,22.3℃,18℃,12℃,5.5℃。水热丰盛,四季分明,具有食用菌周年生产的自然环境。

湖北农学院利用自然气温,设计了凤尾菇—平菇—金针菇—凤尾菇—草菇的组合栽培模式,其中还利用生产间隙安排一些时令小品种的生产,实行室内室外多场栽培制。效益显著,250～300 平方米的栽培面积,年总产值为 1.4 万～2 万元,纯收入 1.2 万～1.6 万元,人均收入 2 400～3 000 元。

在栽培技术方面根据各月气温的不同和相应的不同温型的食用菌,划分为 5 个间区(或温期)和相应的栽培技术。

## (一)第一间区

9 月到 10 月中旬,约 1 个半月。此期气温在 24℃～18℃之间,是一年内栽培食用菌的最好季节。适宜栽培的食用菌有凤尾菇、银耳、猴头菇等,采用室内或简易荫棚内地畦栽培,每 2～3 天投料 1 次,每批 250 千克,共投料 15～20 批。播种后 25～30 天收头潮菇,可在国庆节上市。同期还利用 200～

· 147 ·

250平方米场地生产900～1200瓶猴头菇菌种,500袋银耳,栽培1000～1500瓶猴头菇。

### (二)第二间区

10月下旬至12月下旬,为期两个月,气温渐凉,为平菇适宜栽培期。此期继续做好凤尾菇中后期的管理和采收。采收2～3潮菇后将其培养料搬出室外,平堆于树荫下保温继续出菇,以腾出场地栽培平菇。平菇以生料床栽、阳畦栽培或室外土坑栽培,10月下旬投料,每3天1批,每批250千克,到12月中旬为止,共投料15～20批,总料量5000千克。35天后采收头潮菇,保证元旦大量上市。

### (三)第三间区

1月初至2月底共两个月,气温极低,月平均仅为3.3℃～4.5℃。此期应集中管理好中后期平菇菌床。为了保证在春节后低温条件下的正常出菇,将部分菌砖移至室外塑料大棚内覆盖薄膜,加盖稻草,保温出菇,如此棚内温度可提高5℃～10℃。在生产间隙,以瓶栽方式生产金针菇1000～1500瓶。

### (四)第四间区

3月初至5月中旬,月平均气温回升到10℃～23℃,为春季栽培期。此期内应继续管理好年前中后期投料的平菇菌床。于3月初又进行凤尾菇栽培,每5天生产1批,每批800～1000瓶。另外还生产银耳、灵芝、猴头菇共3000～5000瓶(袋)。

## (五)第五间区

5 月下旬至 8 月下旬,旬平均气温为 26℃～28℃,为一年的最高温期。此期是草菇宜栽培期,其他菇类生产均已结束,可集中力量栽培好草菇。投料 5 批,共 2 500 千克,生长 20～25 天为 1 周期。该期为菇类产品的淡季,草菇上市正好补淡,满足消费者的需要。

(根据陈启武报道论文摘编)

# 十六、多菇周年生产

山西原平县(现为原平市)将适于当地不同季节栽培的数种食用菌,根据其需温特性,充分利用已有的栽培设备,采用室外阳畦栽、堆栽,室内箱栽、瓶栽、加温瓶栽等方法,交错播种,常年采菇。

## (一)生产程序

在原平县的气候条件下,设计出以平菇、冬菇、草菇及双孢蘑菇组成的多菇周年生产程序(表 39)。

表 39　多菇周年生产程序

| 播期(月、旬) | 菇名 | 栽培方法 | 采 菇 时 期 (月) | | | | | | | | | | | |
|---|---|---|---|---|---|---|---|---|---|---|---|---|---|---|
| | | | 1 | 2 | 3 | 4 | 5 | 6 | 7 | 8 | 9 | 10 | 11 | 12 |
| 1 上～2 下 | 冬菇 | 室内加温瓶栽 | — | — | | | | | | | | | | |
| 3 上～4 下 | 平菇 | 室外阳畦栽 | | | | | — | — | | | | | | |
| 5 上～5 中 | 平菇 | 室内箱栽 | | | | | | | — | — | | | | |
| 6 上～7 下 | 草菇 | 室外堆栽 | | | | | | | | — | — | | | |

| 播期（月、旬） | 菇名 | 栽培方法 | 采菇时期（月） | | | | | | | | | | | |
| --- | --- | --- | --- | --- | --- | --- | --- | --- | --- | --- | --- | --- | --- | --- |
| | | | 1 | 2 | 3 | 4 | 5 | 6 | 7 | 8 | 9 | 10 | 11 | 12 |
| 6 上～7 下 | 双菇 | 室内箱栽 | | | | | | | | | | — | — | |
| 8 上～8 中 | 平菇 | 室内箱栽 | | | | | | | | | | | — | — |
| 9 上～10 上 | 平菇 | 室外阳畦栽 | | | | | | | | | | | — | — |
| 11 上～1 下 | 冬菇 | 室内瓶栽 | — | — | | | | | | | | | | |

## （二）栽培方法

### 1. 冬菇瓶栽

培养料为锯末 77%，麦麸 20%，白糖、石膏、生石灰各 1%。配好后及时装入干净的罐头瓶中，边装边适度压紧，装到瓶肩处，用木棍戳 1 个直径 1.5 厘米的洞，便于接种后菌丝向下延伸。然后洗净罐口，包以牛皮纸，及时在 98 千帕压力下灭菌 2 小时。如果没有高压灭菌设备，连续笼蒸 8～10 小时，再闷 1 夜也行。接种应在接种箱（室）内，无菌操作，铲取玉米粒大一块菌种，放在洞穴上。在 25℃ 左右下培养 20～30 天，当菌丝长满全罐时给以微弱通风及散射光线，促进子实体分化。子实体原基出现后，打开罐口，放在低温（8℃～10℃）高湿（相对湿度 90% 左右）条件下，使其迅速长大。冬菇主要是食其脆而嫩的柄，所以当柄长到 3.3 厘米高时，要在罐口套上 1 个 10 厘米左右高的硬纸筒，使菇丛笔直向上。

### 2. 草菇堆栽

床址要选靠近水源、疏松肥沃的砂壤土。栽培前 7 天把床土翻过，用 10% 石灰水消毒后，做成约 1 米宽的马鞍形床，床面要适度拍实。选未淋过雨的干稻草,拧成 1 千克左右的小把。播种前 1 天,把草把在水中泡 10 小时左右,然后草梢向外横排在床上。四周排好后,再取几把横放在中间,再撒些马粪,踩后浇水。第一层堆好后,再照这样继续堆,注意每层向里缩 6.7 厘米左右,直堆到 67 厘米高为止。边堆草,边播种。每堆好一层,沿草堆四周内侧撒上 6.7 厘米左右宽的一圈菌种。最后盖以草被,以防风雨,保温、保湿和避免阳光直射。播种后堆温达不到 50℃时,应再踩踏并加厚草被。若温度过高,应掀开草被,通风散热。草堆含水量应保持在65%~70%之间。出现小菇后,要保持相对湿度 80%~90%,并注意通风换气。

**3. 双孢蘑菇箱栽**

常用的栽培料为干稻草 50%,干牛马粪 48.5%,石膏粉 1% 及过磷酸钙 0.5%。堆制前把稻草和粪喷湿,以手紧握指缝间有水渗出不下滴为宜。堆时先在地上铺一层草,宽133~167 厘米,厚 13.3~20 厘米,长度随便。然后再铺一层粪,厚 6.7~10 厘米,依次一层草一层粪往上铺,堆到 132 厘米高为止。上面盖以草袋,以防风吹日晒。7 天后第一次翻堆,加入石膏粉,适量喷水。再过 5~6 天,第二次翻堆,加入过磷酸钙用量的 1/2,留下一半第三次翻堆时加入。一般经过 4~5 次翻堆就可腐熟。然后把腐熟的培养料装入消毒过的箱子,装 16.7~20 厘米厚,压平播种。采用穴播,播深 4 厘米,株行距 10 厘米左右。播后盖以塑料薄膜,放在 20℃~24℃下培养,半月后覆土,继续盖膜。6~7 天后待菌丝爬上覆土表面,将箱子搬到 10℃~15℃的温度条件下揭膜,保持空气湿度 90% 左右,让其出菇。

(根据李志超论文摘编)

# 十七、香菇、竹荪组合周年生产技术

浙江省庆元县位于东经119°2′,北纬27°58′。境内多山,最高海拔在1 000米以上。林草茂盛,雨水充沛,空气相对湿度较大,气候冬暖夏凉,1月气温6.5℃,最低-5℃(持续3～5天)。2～5月气温为8.7℃～21.1℃,10～12月气温为18.2℃～8.9℃,为春秋季气候温暖。6～9月气温为24.4℃～26.9℃,为热季,7月最高气温35℃,可持续5天左右。是我国栽培食用菌的重要基地之一。

县食用菌研究中心以香菇和竹荪组合成功地实现了周年栽培。竹荪栽培80平方米,收干竹荪31千克;香菇栽培1 860筒,收干菇141千克,年总收入11 530元。以下介绍他们的成功经验。

## (一)季节安排

竹荪栽培分春秋两季,应安排在早春到秋末(10月上旬)。香菇在8月前安排接种室内培养,到10月上旬可以排场脱袋转色管理,或者于秋季安排竹荪生产,在人造菇木脱袋排场前半个月再进行铺料播种更为理想。

## (二)菌种(菌株)选择

在组合中,竹荪只能安排高温型棘托竹荪和长裙竹荪。香菇菌株依海拔高度而定,一般在海拔500米以下地区,宜采用中温型或中温偏低型菌株,至翌年5月上旬前香菇采收结束,正好能与竹荪衔接,故可选择82-2,241-4,Cr04,856等菌株;海拔500～700米的地区,只能采用中温偏低菌株,如241-

4 等,到 5 月中旬前才能使香菇采收结束;在海拔 700 米以上地区,一般 5 月底后还有香菇采收,不适宜以香菇、竹荪组合进行周年生产。

### (三)栽培管理技术要点

在周年生产的组合中,竹荪铺料播种和栽培管理按常规操作。要求在秋末人造菇木排场前后掌握好以下 3 点。

第一,人造菇木排场前,在竹荪畦床中间加厚覆土,整理成龟背形,并在畦床上铺 1 条 12 厘米宽的薄膜,横向两边铺开,以利于排水和防止喷水时水直接渗入畦床土内而造成竹荪培养料水分过高,然后再把菌筒排放在薄膜上。同时要将人行道旁的排水沟挖深些,低于畦床内底层竹荪培养料,这样即使有水渗入畦床内,也会逐渐流入排水沟内,而不会造成畦床底部积水。该法畦床上可以不垫薄膜,因为短期内水分较高对棘托竹荪、长裙竹荪影响不大。

第二,到翌年 5 月香菇采收结束后,及时处理废菌筒(或菇木),进行 1 次畦床疏土透气(最好换新土),覆土厚 2～3 厘米为宜。待见到畦床覆土表面竹荪菌丝后,灌大量清水,以淹没畦床为宜,保持一昼夜浸水催蕾。

第三,当夏季气温超过 30℃以上,要加厚荫棚遮阳物,少盖薄膜,并把覆土去掉一部分,裸露部分竹荪培养料,铺上一层竹叶或树叶,防止直接喷水造成覆土板结影响气体交换,同时可起到保湿和遮光的作用。其他管理如常规方法。

(根据吴学谦报道论文摘编)

# 十八、菇耳6茬周年栽培技术

江西宜春地区（现为宜春市）位于北纬 27°33′，东经 113°54′。丘陵山区。1～12 月平均气温依次为 5.2℃，6.6℃，11.2℃，17℃，24.8℃，24.8℃，28.7℃，28.3℃，24.6℃，18.7℃，12.9℃，7.6℃。1 月最低气温－4℃～0℃（短时期），7～8 月最高气温在短时间内为 38℃～39℃，四季不明显。

该市食用菌研究所在 230 平方米面积上结合种菜进行菇耳 6 茬周年栽培试验获得成功。1 年可收鲜菇、耳、菜 10 716.53 千克，产值 26 028.96 元，净收入 17 184.1 元。其中毛木耳 2 076.98 千克，产值 4 153.96 元，净利 2 815.6 元；草菇 2 117.7 千克，产值 10 588.2 元，净利 7 029.8 元；平菇 5 400 千克，产值 10 800 元，净利 6 873.2 元；蔬菜 1 121.9 千克，产值 486.8 元，净利 465.5 元。

这种栽培模式采用平面和立体设计，充分利用空间，提高复种指数，菇菜互补，生态环境良好，效益显著。主要技术措施如下。

## (一)利用藤蔓蔬菜形成荫凉生境

选向阳近水源的蔬菜地，按宽 1.2 米，长不限，沟宽 40 厘米的规格开沟做畦。棚架高约 2 米。藤蔓类蔬菜选用冬瓜、丝瓜、苦瓜或扁豆等，种在畦边上，其上棚前于清明前后播种四季豆，它生长快，可弥补前期蔬菜遮阳不足。如此形成上中层空间充分利用，提高了单位土地面积的利用率和产出率。

## (二)菇耳周年茬口安排

掌握气温的周年变化,采用不同温型菇类组合安排茬口,使之周年出菇均衡上市。具体安排如下。

**1. 平菇—毛木耳—草菇(三茬)—平菇**

时间:1~4月,5月至7月中旬,7月中旬至9月中旬,9月下旬至12月。

**2. 毛木耳—草菇(三茬)—蘑菇**

时间:5月至7月中旬,7月中旬至9月中旬,9月下旬至翌年4月。

**3. 毛木耳—草菇(三茬)—香菇**

时间:5月至7月中旬,7月中旬至9月中旬,10月至翌年4月。

**4. 毛木耳—草菇(三茬)—秋毛木耳—香菇**

时间:5月至7月中旬,7月中旬至9月中旬,9月下旬至11月上旬,11月上旬至翌年4月。

**5. 平菇—毛木耳—草菇(三茬)—蘑菇**

时间:1~4月,5月至7月中旬,7月中旬至9月中旬,9月下旬至12月。

## (三)栽培方式和方法

### 1. 平　菇

用熟料袋栽培。制料筒需安排在脱袋前1~1.5个月。照常规法配料、装袋(15厘米×55厘米)、灭菌、冷却、接种、培养。待菌丝长满袋达生理成熟后,按照茬口安排要求及时排场脱袋、覆土(厚度以不露菌筒为宜)、覆盖薄膜,注意保温、保湿管理,每667平方米排放9 000筒。

## 2. 毛 木 耳

采用熟料袋栽培,菌袋制作安排在脱袋前1~2个月。同样照常规法配料装袋(15厘米×15厘米或12厘米×28厘米)、灭菌、接种、培养。菌袋发好后,及时脱袋排放、覆土(与平菇相同),最后盖稻草。注意保温保湿管理。每667平方米排放7 000~23 000袋(筒)。

## 3. 草　菇

用发酵料波浪式栽培。播前7天配好料,按堆高0.8~1米,宽1.2米堆制发酵,中间翻堆1次,发酵料的酸碱度为pH值8~9,播种量为料重的15%(12千克/平方米),播种后覆盖薄膜,3天后揭膜覆土(同平菇),按常规管理水分,每批料可采收两潮菇。20天换茬1次。

上述菇耳换茬前,必须清除前茬栽培废料,撒上石灰粉,翻垡晒垡,以防病虫滋生。

（根据卢木庚报道论文摘编）

# 十九、利用育秧温室周年栽培食用菌

河南省社旗县兴隆食用菌场,利用水稻育秧温室(或称工厂化育秧温室),实行食用菌与育秧的周年生产,获得显著的经济效益,一年盈利可建造2个温室(原温室造价为3 000~4 000元)。大大提高了温室的利用率,原一年只利用半个月左右,现在菇秧换种可以周年利用。如果全国稻区的育秧温室照此利用,将会产生巨大的经济效益。其生产技术如下。

## (一)温室的建造

温室周壁用砖砌,灰粉墙面光滑。室内地面砌有火道,前设烧火灶,后设烟囱,房顶用粗竹竿起拱,其上覆盖薄膜,内放竹木架,层距 40 厘米。用于栽培食用菌时,炎夏在拱棚上覆盖草帘,寒季利用火道和覆薄膜保温。

### (二)高温季节栽培草菇与高温平菇

水稻育秧结束后,于 5 月中下旬至 8 月中旬进行高温平菇和草菇的栽培。

**1. 清洁消毒**

栽培前对秧盘和温室进行清洁和消毒处理,即把秧盘全部放入温室,用 5%的石灰水浸泡一昼夜。然后曝晒 2～3 天,再放回架子上,按每立方米用甲醛 10 毫升和高锰酸钾 5 克熏蒸 24 小时。

**2. 培养料的处理**

发酵、拌料应在清洁、有纱窗的室内进行,门上挂竹帘或棉帘,以杜绝眼菌蚊等害虫飞入产卵。麦秸、稻草、棉籽壳及其他作物秸秆要求新鲜,无霉变。拌料时加入 4%～6%生石灰调节酸碱度至 pH 值 12 以上,料水比不低于 1：2,堆积发酵料温不超过 70℃,发酵 3～5 天,其间翻堆 2～3 次。发酵结束调节酸碱度至 pH 值 10 左右。发酵料手握富有弹性柔软,有白色放线菌,无异味。

**3. 装盘铺料**

在发酵室进行,即将发酵料铺入秧盘(内铺薄膜),稍压实后播种,即用层播与撒播相结合(选用青平 831、侧 5 等),播种后将薄膜包好,搬入温室培养发菌。

**4. 发菌管理**

炎夏的中午,可在温室薄膜上覆盖一层厚草帘,使室温不超过 38℃。当菌丝长满料层后揭去薄膜,覆盖 2 厘米厚潮湿砂壤土或菜园土。空气相对湿度控制在 90%左右。

### (三)低温季节栽培平菇

8~11 月栽中低温型平菇。11 月初至翌年 3 月,日平均气温下降到 15℃以下,采用袋栽培式进行低温菇类生产。培养料发酵、装袋、灭菌、接种,叠放 3 层发菌。一般日平均气温在 10℃左右,晴天可不加温,利用日光热,室内架上盖一层草帘遮阳,可减缓晚上温度下降速度。气温 20℃左右时,袋内料温 23℃,注意保温管理即可。如果阴天或夜间温度过低,可启用火道加温。出菇期间,室内温度保持 15℃左右,保持空气相对湿度 90%,促菇正常生长。

(依据王桂富论文摘编)

# 二十、香菇周年栽培品种选育

人工栽培的食用菌迄今有 30 多种。在自然条件下,这些食用菌通常在春秋季出菇。若进行促成栽培、抑制栽培或利用空调设施,随时可以收菇。品种选育在香菇周年栽培中占有极其重要的地位。现介绍香菇周年生产品种的育成及其特性。

### (一)鲜用香菇品种的形成

香菇子实体自然发生于春秋季。若按自然发生季节和不同时期的出菇频率来划分,可以分为春生型、春秋生型、夏生型、秋生型等;若按出菇期的温度来划分,又可分为低温性、中温性、中低温性等品种。

在自然出菇之前,把这些品种的菇木浸于冷水中,也可以人为地促使子实体发生。鲜用香菇的生产就是用这种方法进行的。

　　鲜用香菇的生产大约是 20 世纪 40 年代的后半期正式投入生产(中村,1983)。当时,主要是利用干用香菇的低温性品种进行栽培的,即把接种后培养 18～20 个月的菇木从菇场搬运到抑制小屋中,使之干燥后浸水 1～2 天,再放在屋子内使之生菇(图 26)。采用这种栽培方法从 12 月到第二年 3 月下旬至 4 月中旬之间,可以陆续地用菇木浸水来生产鲜用香菇。4 月上中旬以后,鲜香菇的市场价格暴跌,此时使之出菇是不合算的。因此,开发出抑制春季的自然出菇,其后再浸水使之出菇的抑制栽培。即在自然出菇前的 1～2 月份不让菇木淋雨,从自然出菇结束的 4 月下旬至 5 月上旬,再陆续浸水,生产鲜用香菇。

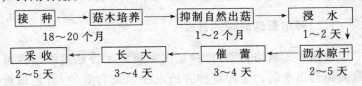

**图 26　香菇低温性品种的栽培工序**

　　利用低温性品种进行促成栽培并用抑制栽培,从 12 月到翌年的 5～7 月间都可以进行鲜用香菇的栽培(图 27)。这一品种在日本岐阜县的一些地方出现,其后育成了这一个品种的改良种,普及到全日本。这个品种的自然出菇时期以 3 月下旬至 4 月中旬为主,也有秋季出菇的特性。秋季自然出菇前,即把菌种接到段木之后培养 15～16 个月的菇木进行浸水处理,使之出菇。利用这种特性,从接种后第二年的 7～8 月份,反复把菇木浸水,于高温期可生产鲜用香菇。可是气温下降之后,其出菇减少了。对此,由于开发出延长浸水时间或增加浸水后的沥水作业等栽培技术,在高温性品种中也可以在冬季进行鲜用香菇的栽培。这种高温性的品种,产量和子实体性状好,而且配合栽培技术,可以周年生菇。这个品种的出现使鲜香菇的生产迅速扩大,它被认为是鲜用香菇的专用品种。

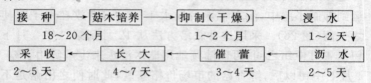

| 接　种 | → | 菇木培养 | → | 抑制(干燥) | → | 浸　水 |
|---|---|---|---|---|---|---|
| 18~20个月 | | | | 1~2个月 | | 1~2天↓ |

| 采　收 | ← | 长　大 | ← | 催　蕾 | ← | 沥　水 |
|---|---|---|---|---|---|---|
| 2~5天 | | 4~7天 | | 3~4天 | | 2~5天 |

**图 27　香菇低温性品种的抑制栽培工序**

由于干用香菇的低温性、高温性品种的出现,浸水出菇技术的开发,可以按不同的浸水时期分为不同的栽培类型,把各种栽培类型搭配起来,进行鲜用香菇的周年栽培。

## (二)鲜用香菇品种的育成

香菇人工栽培初期,育种是由采集野生香菇组织培养菌株而筛选出来的。这种育种方法现在也是有效的,可是最近一般都采用杂交的方法。

以香菇为主的食用菌育种,历史很短,品种的分化程度一般很低。因为对各品种的遗传组成没有进行分析,所以对其组合能力的调查也很少。

香菇的育种,是通过野生菌株的筛选,用单孢子分离的单核菌丝之间的杂交而进行的。在单孢子分离株测定菌株的生长速度之后,发现分离株之间变异很大(善如寺,未发表资料)。这种变异可以认为是受多基因控制的,筛选的效果也可以用生长率来确定。

食用菌的交配,通常是在可亲和性的单核菌丝之间进行的。单核菌丝和双核菌丝接合也可以发生双核化。这种场合,来自双核菌丝的核没有发生基因重组,因为该品种的性状会原原本本地传递到双核化的菌丝。所以在杂种性高的食用菌中,这对新品种的形成是有利的。用这种交配法育成的已登记注册的香菇品种有森 436 号。

笔者用低温性品种森 121 号和高温性品种森 W4 号杂交。调查育成的多数 $F_1$(杂交 1 代)个体可以浸水出菇的日期,结果发现其发生时期(季节)因个体而异,其分布在两亲本的中间——从菌种接种的 8~12 个之间。可是,通过高温期到了低温期之后,浸水出菇可能发生的个体频度稍有降低(善如寺,未发表资料)。

这一事实意味着,两个品种间的组合,同各自的子实体得到单孢子分离的单核菌丝之间进行交配,有可能育出具有从高温性到低温性不同性状的品种。另外,关于浸水出菇的性状,可能是多基因控制的,但高温性的性质出现的频率稍高一些。这种事实是很有趣的。

1971 年育成了极特殊的鲜用香菇森 465 号,这个品种是从森 121 号和在 7~8 月份浸水能出菇的一个野生品系杂交得到的杂种 $F_1$ 之中筛选出来的,有比原来的品种更特异的性质。也就是说,森 465 号在接种后一年就可以浸水出菇,与森 W4 号、木规相比,有早出菇的特征(表 40)。这个品种的出现表明,在香菇的品种中,也和其他作物一样,同样有早熟和晚熟的特性。另外,这个品种的自然出菇,春季是主体,但出菇数量很少。除冬季之外,各季节出菇都少。可是夏季受到雷雨等剧烈温度变化的影响和供给水分之后,它受到刺激就会大量出菇,表明它对诱导出菇的刺激有极敏感的反应,所以,这种性质正适合于利用浸水出菇来生产鲜用香菇。另外,它的产量高,对害菌和不良环境有抵抗力(中泽、森,1988)。为此,一下子曾占日本香菇种木菌种使用量的 10%～12%,即使是现在,这个品种的实用价值仍受到栽培者很高的评价。

表 40　香菇不同品种、不同浸水月份产量的差别　(克/每根菇木)

| 品　　种 | 4 月中旬 | 5 月下旬 | 6 月上旬 | 6 月下旬 | 7 月中旬 | 8 月中旬 |
|---|---|---|---|---|---|---|
| 森 465 号 | 75 | 100 | 190 | 290 | 380 | 350 |
| 木　　规 | 0 | 0 | 0 | 75 | 110 | 130 |
| 森 W4 号 | 0 | 0 | 0 | 0 | 60 | 100 |

### (三)鲜用香菇品种的出菇特性

我们调查过适合各种栽培类型的香菇品种浸水出菇特性,发现可以浸水出菇的季节和该品种的自然出菇季节有相关关系。另外,浸水诱导子实体出菇时水温也和自然出菇时的温度有关。

从这些情况来看,控制浸水出菇的适期和浸水适温的因素是诱导子实体形成的温度。冬生用的品种,在自然状态下,即使夏季高温时浸水,也不会出菇。另外,由于浸水时的水温不同,香菇的产量也不同。

关于接种之后到可以浸水出菇的时间,品种之间有差异,如表 41 所示。为了确定它,把接种后的菇木放在恒温室中使菇木分化,森 465 号经 290 天形成子实体,而森 W4 号大约要350 天才形成子实体。

表 41　品种间浸水时最适水温的差异

| 品　　种 | 最适水温(℃) | 品　　种 | 最适水温(℃) |
|---|---|---|---|
| 木　规 | 17～24 | 森 W4 号 | 14～18 |
| 森 465 号 | 16～22 | 森 252 号 | 4～18 |
| 森 440 号 | 15～20 | 森 121 号 | 2～13 |

　　另外,我们还用两个容易在木屑培养基上形成子实体的品系,调查了从适温培养到子实体形成的培养天数。其结果,717 号在 25℃和 30℃以下,经 45 天的培养就能形成子实体,而 143 号在 25℃下培养 70 天只能出少量的菇,待培养 125 天后才能产生正常的子实体(表 42)。

表 42　培养天数、培养温度和子实体形成

| 菌　株 | 培养天数 | 15℃ | 25℃ | 30℃ |
|---|---|---|---|---|
| 717 | 45 | 0/5* | 5/5(7.6**) | 5/5(3.8) |
|  | 70 | 0/4 | 4/4(11.6) | 3/3(1.7) |
|  | 125 | 4/5(21.7) | 5/5(27.8) | 3/3(12.0) |
| 143 | 45 | 0/4 | 0/4 | 0/4 |
|  | 70 | 0/4 | 1/5(0.2) | 0/4 |
|  | 125 | 0/4 | 4/4(6.0) | 0/5 |

* 子实体形成瓶/供试瓶

＊＊每个栽培瓶平均发生个数

　　从以上可以看出,在香菇中适合各种栽培类型的品种之分化是由前述的诱导出菇的感温性和接种之后到可能出菇所必须的营养生长期两者结合起来决定的。

### (四)香菇子实体发育的特性

　　浸水后子实体的生长率,取决于温度条件。低温性品种森 121 号,菌盖在 10℃迅速生长,早期全部开展,但在 20℃条

件下,生长缓慢。因此,菌盖直径在低温条件下增大,在高温下变小。高温性品种森 W4 号,菌盖在 21℃ 的条件下,直径变大,在低温条件下不仅成长缓慢而且很早开伞。另一方面,森 121 号的菌柄,在高温时迅速生长,而在低温条件下成长缓慢,而且早期停止伸长。森 W4 号成长的速度因温度不同而有差异,但成长时菌柄的长度没有很大的差异。

这些事实意味着香菇各品种之间对子实体生长温度的感受性存在着差异,子实体的部位不同对温度的感受性也有不同。为了进行香菇的周年栽培,得到有市场价值的高质量的香菇子实体,不同的香菇品种子实体形成时对温度感受性有差异的性质是很有意义的。在品种筛选时,它是重要的性状。

### (五)鲜用香菇品种应具备的特性

鲜用香菇是把育成的菇木在某个时期浸于冷水中诱导子实体原基的发育,在温室等设施中生产出来的。为此,鲜用香菇专用品种的重要特征,除了通过人为的抑制或促成操作容易形成子实体的特性外,还必须具备以下的特性。

#### 1. 一 齐 性

因为干用香菇是在受到气温变化等影响的自然条件下生产的,所以和通过浸水操作的鲜用香菇的生产相比,不要求那么高的子实体形成的一齐性。即使是优良的干用香菇品种,有的品种也不适合鲜用香菇的生产。在现有的品种中,也有干鲜两用的品种。但是,它们都是从干用香菇品种中,根据浸水操作的适应性、子实体形成的一齐性等而选育出来的。因为最近鲜用香菇栽培的发展趋势是提高菇房等栽培设施的周转率,力图节省生产费用等,所以香菇成长的一齐性是特别重要的性状。这几年来已育出许多鲜用香菇品种,经过浸水后子实体一齐发生,短期内就能采收完毕。

**2. 早实性**

从接种到出菇,高温性品种需 15～16 个月,低温性品种需 18～20 个月,不同品种早熟晚熟性是有差异的。

通过改善栽培技术,缩短适温培养到浸水出菇所需要的时间是可能的。但从栽培的方便性来看,希望育成早实性的品种;从菇农方面来看,希望尽早回收所投下的资金,所以,早实性成为越来越重要的特性。

**3. 均 一 性**

香菇子实体的形状和品质,受到市场需求和消费者嗜好的影响。作为形状,菌盖的大小和厚薄,菌柄的长度和粗细,肉质和色泽等是重要的。最近,出现消费者嗜好多样化,由于用途不同而要求各种规格的产品。而且,每一种规格都要求重视均一性(大小均匀)。另外,市场和批发商店还要求香菇子实体的色泽,特别是菌褶的变色少,保藏性好。这些要求通过改善流通阶段的保存法是可以解决的。但菌褶变色的快慢,品种间是有差异的,所以这也是一个重要的性状。

**4. 抗 病 性**

香菇的害菌,有些是木腐性的杂菌。栽培上的病害,可以举木霉为例。已经弄清,香菇对木霉的抵抗力,因品种和环境条件搭配的不同而有差异(中泽、森,1988)。历来,在香菇品种育种时,没有重视香菇的耐病性。但今后希望人们研究一下香菇抗病性的检测方法,以及据此育成抗病性的香菇品种。

**5. 丰 产 性**

根据林野厅的资料,香菇原木的堆放(发菌)量和鲜用香菇的生产量之推移,以 1987 年当成 100,对段木堆放量增加 45％,香菇生产量增加 2.5 倍。这也包含防治病虫害等栽培技术的提高等原因。但作者认为,1971年特早生品种的出现,以及其后秋-冬生的专用品种的开发,也有影响。因为丰产性和降低生产成本有很大的关系,所以丰产性也是鲜菇品种的重要特性。

用段木栽培香菇是主流,今后期望栽培现代化。栽培的现代化是在人工培养基上进行工厂式生产。要做到这一点,必须研制栽培技术和栽培系统,现在已进行了各种尝试。但从品种方面来看,育出适合这些栽培法、栽培设施的品种,是今后香菇育种的课题。

### (六)食用菌育种的研究

在日本,食用菌品种的改良主要是由菌种厂进行的,已育出许多适应各种栽培型的品种。可是育种的基础研究少,平菇育种方面只有 Eugnio(1968),Anderson(1972),Eger(1975)做了报告;金针菇育种方面只有衣川等(1931,1932)做了报告。

食用菌育种的特点,除了野生型的双孢蘑菇之外,其他食用菌都是通过野生型的菌株筛选育成新品种,最近也通过杂交进行品种的改良。但即使是现在,野生菌株的筛选育种也还没有丧失育种的价值。

食用菌品种的保存,通常是利用菌丝的继代培养,每隔3～6个月移植1次,培养后放在3℃～7℃下保存,不受自然环境的变化而被淘汰。在野生状态下自生的食用菌,只有能适应变化的自然环境的品种才被保留下来,即积累了适应环境的基因。另外,栽培品种的孢子飞散到山林,它们会和野生的食用菌杂交,也会导入栽培品种的基因。

（根据黄年来整理发表的日本善如寺1992年来华讲稿摘编）

# 二十一、塑料大棚全遮荫周年栽培食用菌

江苏省滨海县坎北地采用塑料大棚全遮荫周年栽培大肥菇、双孢蘑菇、草菇等，一年四季均可供应市场。现将栽培技术摘编如下。

## (一)大棚建造

塑料大棚长 10～20 米、宽 5 米、高 3 米,棚上覆盖 5 厘米厚的稻草,棚顶设 2～3 个排气筒,棚中间对开 2 扇门;棚内设置 2 排床架,共 6～8 层,两排床中间为走道。

## (二)栽培技术

### 1. 大肥菇栽培

(1)季节安排　7 月 10 日堆料,进行二次发酵,7 月 30 日播种,8 月 30 日覆土,9 月 20 日收头潮菇,10 月中旬结束。

(2)播种发菌　发酵料进棚铺床,料厚 15 厘米,播种宜在早晚进行,播种量为料重的 15%,采用混播和撒播相结合,将 1/3 的菌种量撒于料面,有利于封面防杂菌。

(3)覆土　覆土材料选用发酵肥土,或深层细土加 15% 砻糠作为覆土,以 2～3 厘米厚为宜。

(4)出菇管理　出菇期正逢高温,应注意通风换气、空气湿度和降温等管理。其他措施与蘑菇的常规管理相同。

### 2. 蘑菇栽培

(1)季节安排　10 月 3～5 日,堆料进行二次发酵,10 月 20 日料进棚铺料、播种,11 月中旬覆土调水,12 月下旬出菇,翌年 3 月结束。

（2）播种发菌　播种方法和管理措施基本同大肥菇,要注意的是:10月下旬后气温逐渐降低,要求在棚上加盖一层薄膜增温保温,或在棚内用煤炉加温以提高温度。料厚15厘米,中午播种,适当增加播种量等,都是为了加速发菌,保证适时出菇。出菇期间也要求增温保温的管理。

**3. 草菇栽培**

（1）栽培废料处理　3月上旬蘑菇栽培结束,将栽培过的废料进行翻格、去覆土杂质及杂菌感染的局部腐烂料。再以每667平方米的栽培面积所用的料量中加入15千克石灰粉,抖松拌匀,吹干备用。

（2）播种发菌出菇　播种前将干废料用pH值10的石灰水调节料水至润透（含水量为60%～65%）。再以每平方米中加5千克新鲜棉籽壳,按常规方法堆制发酵3天,调节料的pH值为9,然后以波浪式铺料于床上,再按草菇生产常规方法播种管理。1周后床上面下面同时出菇,产量较高。

（根据张炎发表的论文摘编）

# 二十二、三菇配茬棚室周年栽培食用菌技术

河北省新河县地区采用三菇配茬（鸡腿菇、草菇、姬菇）棚室周年栽培食用菌,其主要栽培技术摘编如下。

## （一）季节安排

3月上旬鸡腿菇制菌袋和发菌,需24～25天,4～5月份于温室内脱袋覆土栽培,出菇和采收;6月下旬至7月上旬,草菇温室内畦播发菌,温室内畦床覆土栽培,7～8月份出菇和采收;8月上旬鸡腿菇制菌袋发菌,需24～26天,温室脱袋

覆土栽培,9～10月份出菇和采收;9月下旬至10月上旬,姬菇制菌袋和发菌,需22～24天,其后温室内垒袋栽培,11月至翌年3月出菇和采收。

## (二)培养料制作和使用

培养料的成分:鸡腿菇主用玉米芯或稻麦秸秆,采用巴氏发酵技术制作和栽培。草菇主用稻麦秸秆或废棉和棉籽壳(不得含大量棉仁,否则抑制菌丝生长),经3%～5%的石灰水处理,沥干水后栽培。栽培过的废料也能用来栽培草菇;姬菇以棉籽壳为主,装袋常压灭菌制袋发菌后栽培。

发酵培养料最后1次翻堆时要边翻边喷杀虫剂,因为堆的外围温度低,易生虫。发酵后培养料的标准:料呈棕褐色,有腐殖霉菌香味,无异臭味;质地疏松柔软;酸碱度适合食用菌生长;60%～70%含水量,无虫害。

## (三)菇棚或菇室灭菌杀虫

栽培管理(即入棚)前,棚、室内和周边要做好清洁、灭菌、杀虫工作。灭菌方法是每立方米棚室用甲醛(40%)10毫升加高锰酸钾5克,或用硫黄15～20克,熏蒸后关紧门窗闷24小时;杀虫方法是100立方米棚、室用1瓶(1千克)敌敌畏原液,分装5瓶,放置5个点开瓶熏蒸。其后排除废气换入新鲜空气,垒袋或播种栽培。

## (四)接种发菌

以干料的15%左右计算用种量,适当的菌种,加上良好的管理,使菌种生长优势压抑杂菌。菌种质量好,发菌的菌龄长短依食用菌品种而定,防止菌种老化,生活力衰退。播种方法是袋栽,采用袋口无菌操作接种;畦栽,采用点播、撒播或点播和撒播相结合。

## (五)三种菇的管理

### 1. 鸡腿菇的管理

一般食用菌制种后菌种易老化,所以不宜久存放;而鸡腿菇菌丝因具有较强的抗衰老能力和不见土不出菇的特性,所以制种后,可以存放 6 个月以上,不影响生长和产量,故可以在秋季制种,分春秋两季覆土栽培。覆土采用灭菌杀虫处理的肥土,或采用 15 厘米以下的土壤,粉碎至适当大小颗粒,拌和 15%的砻糠作为覆土。调节水分至手捏成团,触之能散。覆土厚度 3~4 厘米。当菌丝长到覆土层时,棚内温度控制在16℃~18℃,空气相对湿度 85%~95%。菇蕾出现后,要加大通风量,注意遮光使菇体肥胖白嫩,通风不能直接向床面(畦面)吹;严禁向菇体上喷水,以免影响菇的质量。正确浇水方法是向过道浇水或向沟内灌水,使水渗入菇畦(菇床)。采完一潮菇后,要及时清理床面,注意保持畦边 20 厘米的土层疏松湿润。第二茬菇蕾出现后,畦边 20 厘米土层面长出大量菇蕾,且个大、饱满,商品率高。

### 2. 草菇的管理

草菇播种后,发菌到菇生长期,棚内温度控制在 32℃~38℃,低于 5℃,高于 45℃,菌丝死亡;菇生长温度 28℃~32℃,21℃以下,45℃以上,菇蕾会萎缩死亡;培养料的 pH 值8~9;发菌阶段,空气相对湿度 80%,出菇阶段调至 90%~95%;水分管理采用沟灌为主,周边渗透补水,不在畦面上浇水,晴天多浇水,早晚通风各半小时。阴天少浇水,延长通风时间,雨天可以全天通风,有风天气要求背风通风。

### 3. 姬菇的管理

当菌丝长满袋后 3～5 天，及时打开袋口，使温度降至 12℃～18℃，同时加强通风。增加散射光照，保持空气相对湿度 80%～90%。促使菇体生长。

（根据孙福顺发表的论文摘编）

# 二十三、果园套作食用菌周年生产技术

安徽省砀山县采用果树下套种食用菌周年生产鸡腿菇—草菇—草菇—鸡腿菇模式，已获得较高的经济效益，据统计每年产值为 35 400 元，净效益为 23 500 元。现将生产技术摘编如下。

## （一）季节安排

### 1. 鸡腿菇春季生产

制种室内发菌，需 35 天。3 月中旬移植果园，采用覆膜小拱棚栽培。3 月底至 4 月上旬开始采菇，5 月下旬采菇结束。

### 2. 草菇夏季生产

6 月中旬，在果园树荫下直接做畦上料，覆膜拱棚栽培，一个生产周期 20 天左右。至 8 月上旬可生产 2～3 潮。

### 3. 鸡腿菇秋季生产

8 月下旬至 9 月上旬室内发菌，9 月下旬移入果园，进行覆膜拱棚栽培，11 月下旬采菇结束。

## (二)栽培技术

### 1. 鸡腿菇栽培

(1)原料配方　1号配方：棉籽壳51%，木屑30%，麦麸10%，玉米粉5%，磷肥2%，石膏粉和石灰粉各1%；2号配方：棉籽壳30%～40%，玉米芯50%～60%，麦麸10%，磷肥2%，石膏和石灰各1%。

(2)原料处理　将1号配方各原料混合后，按1∶1.3料水比，均匀调湿，堆闷24小时，此间翻堆1～2次，使水分均匀吸收后，装袋灭菌(也可以用发酵料栽培)。如果选用2号配方，将玉米芯用2%的石灰水浸泡24小时，使其软化并吸足水分，捞起沥去余水；其他原料混合拌湿，在与玉米芯混合拌匀，装袋灭菌(也可以用发酵料栽培)。

(3)装袋灭菌　选用17～33厘米或25～40厘米的聚丙烯或高密度聚乙烯，装料20厘米高，常压灭菌，恒温100℃，保持10小时，停火后再闷6小时以上，出锅入冷却室。

(4)无菌接种　待冷却至30℃以下时，可无菌接种。采用发酵料栽培，可边装料边接种，按照一层料一层种的方法接种，最上层要求铺满菌种。技术关键是料要灭菌彻底，适当增加菌种量，无菌操作严格，即可保证高的成品率。

(5)发菌管理　春季在温室或棚内将菌袋集中垒袋发菌，垒高5～6层，料温保持23℃～25℃。当温度低于15℃，可适当加温。若料温超过28℃时，可用降低堆袋的层次，拉开堆间距离，加强通风，每5天翻堆1次，使菌袋发菌均匀一致。

(6)入园栽培　在距树干50厘米的北侧地面做畦，宽80～100厘米，畦长约等于树的投影，畦深12～15厘米，挖土四周做畦埂，畦底松土层10厘米，并整平，浇透水。用500倍的敌敌畏液喷洒杀虫,再撒少许石灰粉,然后将发好的菌袋,用2‰石灰水清液浸洗,边洗边剥袋膜边直立排放于畦内,菌筒间距2～3厘米,菌筒间空隙用土填空,浇透水,覆上地膜和草帘,筑建拱棚、上再盖草帘,以利于保温、保湿、遮阳。

(7)出菇管理  上述管理后经10～15天,开始出菇。此间,春栽注意保温保湿;秋栽温度适宜,重点是保湿,适当通风。当见菇顶土时,揭去畦面的膜和草帘,湿度不够时,适当喷1次水,确保菇体正常生长发育。如此,可出菇2～3潮。

**2. 草菇栽培技术**

(1)原料配方  麦草(稻草)90%(麦草和稻草各占一半),麦麸5%,石膏2%,石灰3%。选择新鲜、干燥、无霉变、未受雨淋的稻、麦草,切成10～20厘米长,用2%石灰液浸泡,待吸足水后捞出,沥去多余的水分,再将其他原料均匀混入,调节含水量至75%(手握料指缝中有水渗出)时,即可堆制发酵。料堆以300～500千克为宜,堆高应超过1米,最好1.5米高,堆高过低不利于升温;薄膜不可覆盖太紧密,顶部和基部都要留一定大小缝隙,保证好气发酵,有利于升温。堆后1～2天,堆温升到65℃后,保持24小时,进行第一次翻堆,即中心的料翻到外围,外围的料翻到中心。如此类推,翻堆2～3次,历时7～12天发酵结束。

(2)整地做畦  同鸡腿菇栽培方法。

(3)铺料播种  将料堆散开,降温至40℃,即可铺料。第一层料铺8厘米厚左右,整平压紧,缘边20～30厘米宽带处播1圈菌种,用种量约占1/3;铺第二层时,中间稍高,呈龟背形,压紧后将2/3的菌种撒播于料面,再用木板压紧,使种料密合,上盖1～2厘米厚的培养料,立即覆盖一层地膜,及时搭建拱棚,以保温、保湿和防雨。

（4）发菌管理　发菌期,棚内温度要恒定,不能低于30℃,料温应保持在35℃～38℃。应定期揭膜通风,或用竹片架起地膜,以防菌丝徒长,诱导菌丝向下生长。当温度超过40℃时,要及时揭膜降温,或架起覆膜,加盖湿草帘遮荫,防止烧坏菌丝。此期,要勤管严管,经4～5天菌丝就可以长满料层、料面。此时选用细粒砂壤土覆盖料面。细土用石灰水调节pH值为8.5左右,含水量20％。覆土厚度1～2厘米,往后每天通风2～3次,喷水1～2次,水温要与棚温一致。

（5）出菇管理　当料面出现子实体原基时,停止喷水,保温、保湿。棚内温度保持在32℃左右,棚内相对湿度控制在90％左右。如湿度不够,可向草帘和地面上喷水保湿。当菇蕾长到2～3厘米时,应适当喷温水。再经3～4天,采收头潮菇后,清理床面,补施菇丰素和补覆土,促菌丝恢复生长,并用3％的石灰清水喷洒料面,使培养料呈碱性,为2～3潮菇高产优质创造条件。

（根据武凤英等发表的论文摘编）

# 二十四、蟹味菇工厂化周年栽培技术

20世纪60年代,日本开始工厂化生产金针菇,随后真姬菇、姬菇、滑菇、灰树花、杏鲍菇也相继进行工厂化生产。我国从20世纪90年代开始引进生产流水线,上海丰科生物科技股份有限公司引进的蟹味菇（真姬菇）生产（图28）技术,上海天厨菇业有限公司引进的金针菇生产技术等,使我国食用菌生产水平得到了较大的提高。现将蟹味菇的周年栽培技术介绍如下。

图 28　食用菌工厂化生产厂的外景

## (一)生产工艺

蟹味菇的栽培工艺:

原料混合→装瓶压盖→灭菌→冷却接种→培养→搔菌→催蕾生育→采收→挖瓶等工序组成(图 29)。

图 29　全自动培养料装瓶机

## (二)技术要求

### 1. 原料混合

蟹味菇培养基所用的原料为木屑、玉米芯、米糠、麸皮等。木屑以阔叶树木屑为好,培养基含水量 63%～65%,营养成分含量超过 40%,pH 值为 7 左右,混合搅拌至装瓶结束。

### 2. 装瓶、压盖

850 毫升的塑料瓶,每瓶装料 520～550 克,装料紧实度要适宜,瓶肩无明显空隙,中间打孔至瓶底。使用蟹味菇专用塑料瓶盖,接种后菌种在中央部形成山型。

### 3. 灭　菌

通过灭菌不仅能杀死培养基中所有的微生物,高温加热也使一些营养成分降解,有利于菌丝的吸收利用。灭菌的温度和时间与灭菌锅样式、大小,加热方式的不同而有差异。

### 4. 冷却、接种

冷却、接种室配有制冷和净化设备,保持室内正压状态。所有的栽培瓶内部都要冷却到适合蟹味菇菌丝培养温度后接种。一瓶 850 毫升菌种可接 32～40 瓶栽培种。接种过程中要穿专用防尘服和戴帽子。

### 5. 培　养

蟹味菇培养温度 22℃～25℃,相对湿度 65%～80%,二氧化碳浓度 4 000 毫克/千克以下,30～35 天菌丝发满。发菌完成后继续培养 35～50 天,使菌丝充分成熟。

### 6. 搔　菌

采用专用搔菌机,把瓶内培养料的四周搔掉,使料面形成馒头形状。通常搔菌深度为 15～18 毫米,有利于原基形成、提高出菇整齐度。搔菌后,把水注入瓶中,补充培养中丧失的水分。

**7. 催蕾、生育**

搔菌后,栽培瓶放置于栽培床架上,温度控制在 14℃～16℃,相对湿度保持在 90% 以上。前 10 天盖上无纺布,原基长出后去掉。光照控制十分重要,用时间继电器控制间断式光照,保证原基正常形成、菌柄菌盖正常分化。

**8. 采　收**

蟹味菇由于菌株不同,搔菌后一般 20～24 天即可采收,850 毫升栽培瓶,每瓶可采 140～170 克鲜品(图 30)。采收后

**图 30　蟹味菇出菇的长势**

及时包装入库,上市销售。整个栽培周期为 100～105 天。

**9. 挖　瓶**

采收后用挖瓶机挖除培养料,空瓶重新装培养料。

鲜菇生产要以市场需求妥善安排。为保证鲜菇能均衡上市,不是采用换茬式栽培,而是连续不断地在多组菇房中循环栽培。这就是最完善,最理想的周年生产。

(由高君辉撰写)

# 二十五、食用菌无公害栽培

食用菌无公害栽培是保证消费者健康的需要,也是确保食用菌健康食品美誉的举措。无公害栽培就是要杜绝有害重金属和农药残留超标,保障食用菌产品的无公害品质,确保食用安全。为达上述目的,必须从以下六个方面进行综合治理。

## (一)病虫害防治

病虫害的防治问题,首先应考虑菌菇是绿色食品,其产品必须符合卫生标准,使消费者吃了放心。

为保障这一承诺,必须大力提倡食用菌生产中病虫害防治要以防为主,防治结合。选用低毒速效易降解的农药,用于环境消毒灭菌,严禁向菇体上喷洒农药。凡采用袋式栽培食用菌的,必须在装袋后经常压灭菌再接种,或使用发酵培养料装袋接种。后者要注意加大菌种用量,做到一层菌种一层料,最上层用菌种封面,增强菌丝生长优势,以利于抑制杂菌生长。生产前要严格进行菇房、菇棚、菇畦和床架的清洁、消毒和灭菌处理。巴氏消毒法是消毒灭菌最有效的办法,具有杀虫、灭菌和提高培养料质量等作用。现将两次发酵法(即巴氏消毒法)具体介绍如下。

### 1. 第一次发酵

培养料的两次发酵方法,以双孢蘑菇为例,第一次发酵,又称室外发酵,是一种自然升温发酵过程。要求升温快而高,肥分流失少,优点是省能耗。步骤如下。

(1)堆制日期推算　以上海为例,出菇最佳时间是 10 月 20 日左右,室外发酵需 12~14 天,室内发酵需 5~7 天,培养发菌为 20～22 天,覆土至采第一批菇历时 20～22 天,合计 37～43 天,最佳建堆时间应为 8 月 15 日左右。其他地区应根据本地最佳出菇季节来推算。

(2)粪草预湿预堆　将未受雨淋和无霉烂的稻、麦草切成 30 厘米左右长,铺成约 30 厘米厚,用石磙将其压扁,或边浇水边用脚踩,使上下稻、麦草均匀吸足水。马、牛粪可在 6～7 月份将其晒干粉碎。在垒堆前 3～4 天,再将干粪喷水预湿,掌握含水量在 50％左右,或用手握一把预湿过的马、牛粪指缝间有 1～2 滴水渗出为宜。然后与尿素、饼肥一起拌匀,堆成高、宽各为 1 米的料堆,覆盖薄膜,进行预堆 4～5 天,每 2 天翻 1 次堆。

(3)分层垒堆　以稻、麦草为主料,马粪、牛粪、化肥和饼肥,合称辅料。依次一层主料,一层辅料,逐层垒堆,主辅料层高之和为 15 厘米左右,一般堆垒 10～12 层,最上层用辅料覆盖,垒堆过程中必须层层浇足水;全堆高 1.5～1.8 米,宽 2.3～2.5 米,长度依用料量和场地面积而定,要求不小于 5 米长;堆成车厢形,四周垂直,顶部呈龟背形,其上架空覆盖薄膜,以防雨淋。垒堆完后,插一根温度计,以便观察堆温变化。

(4)分次翻堆　翻堆是为了内外培养料发酵腐熟均匀。垒堆和重垒堆后按 5 天、4 天、3 天间隔翻堆。即垒堆后 5 天第一次翻堆,重垒堆后 4 天第二次翻堆,再重垒堆后 3 天第三次翻堆。具体方法如下。

①第一次翻堆　在前一天晚上,将料堆表层喷足水。第二天逐层翻堆重垒,每层都要撒好石灰,喷适量水,堆形与垒堆相同,只是堆宽减小 20～30 厘米。重垒堆后,用草帘覆盖堆顶,以防雨淋和太阳晒。

②第二次翻堆　与第一次所不同的是,需在堆底中央加

设 1 条直径 20~30 厘米通气洞。分层均匀添加石灰。

③第三次翻堆　在第二次翻堆后 3 天,进行第三次翻堆,除分层添加过磷酸钙外,其他步骤都同第二次翻堆。第三次重垒堆后 2 天,培养料即可搬进菇房进行二次发酵。

第一次发酵结束后,培养料的质量标准:料呈咖啡色,有光泽,质地柔软,富弹性,耐拉力等。闻料有糖香味,微有氨味,pH 值为 7.5~8,含水量 65%~70%,可溶性糖、有效氮磷含量增加。挖开料层可以看到料草上长满白霜一样的微生物群体(如细菌、放线菌、腐殖霉菌等)。

**2. 第二次发酵**

就是将第一次发酵的料搬进菇房置于床上成堆(其厚度可以一床分两床)进行后发酵。其特点是人工控温控气,达到有名的巴氏消毒灭菌法的要求。进一步促进嗜热微生物大量繁殖活动,促进培养料的理化性状发生显著变化,使培养料更适合蘑菇菌丝生长,而不利于有害微生物生长。在食用菌栽培中具有重要意义。第二次发酵一般分为两个阶段。

(1)第一阶段　将料温升至 57℃~60℃,保持 6~8 小时,一可杀死致病微生物;二是通过高温使害虫(卵、幼虫、成虫)体蛋白质受热变性死亡;三是在此温度范围内,促进有益嗜热微生物较快繁殖。

(2)第二阶段　以通风来降低料温至 48℃~52℃,保持5~7 天,菇房的温度不能低于 45℃。此阶段通过调控温、气,一是进一步促进嗜热微生物(如嗜热细菌、放线菌和霉菌)大量繁殖;二是将残余病原菌进一步杀死。

第二次发酵后培养料的质量:料呈深咖啡色至褐色,更具柔软和弹性,抓握料时不粘手,有浓厚的料香味,无氨味,可见大量白色放线菌和灰色腐殖霉菌,含水量为 65%,pH 值

7.2～7.5,无害虫杂菌。

**3. 堆料发酵的其他注意事项**

(1)发酵场地 采用多余房屋作为菇房,应与人居住房分开。菇房床架用三角铁或毛竹搭建。将第一次发酵料放中间层次,底层和最上层不放料。若利用大中型塑料棚进行后发酵,在棚内搭建两排离地 15 厘米简易床架(应根据料量多少建棚、搭床架),再将第一次发酵料堆放其上,堆高 0.8～1 米,宽 1.5 米,堆中间打几个通气洞,然后密闭加温发酵,后发酵结束后,再将料搬至菇房床架上。

(2)第一次发酵料进菇房 3 次翻堆后再过 2 天,当料温升至 70℃左右,此料便可进菇房。

(3)料进房后 料温以自然回升,再开始人工加温为好,一般发酵料在进房 6～8 小时后加温,使料温升至 57℃～60℃,保持 6～8 小时,然后小通风,当料温降至 48℃～52℃,保温 5～7 天。保温期间既要保证室温不能低于 45℃,又要适量通气,以保证有益微生物大量繁殖生长。干热加温,料易偏干,可于发酵结束后,在料面上喷些石灰清水(pH 值为 8～8.5),调节培养料含水量。

(4)后发酵要注意安全 特别是煤炉加温,易产生一氧化碳,加上高温少氧,入室内加煤和观察温度,时间一长可能会煤气中毒。最好将煤炉和温度观察点设置在菇房外面,或用蒸汽加温、保湿,这样更为安全。

**(二)菇房或菇棚灭菌杀虫**

栽培过菇的菇房,为保证下一潮菇不发生病虫害,保证菇的产量和质量,必须在菇房的墙壁、床架、地面等进行清扫、消毒、灭菌、杀虫处理。

前茬栽培结束后,撤除废料,拆下床架的横档和小竹片,投入河水或塘水中浸泡半个月左右,捞起洗净、晒干,再放至石灰浆水中浸泡 1～2 天,捞起后晒干。床架和墙壁用清水冲刷干净,充分干燥。地下的泥土向下铲 3 厘米再铺上新土,并夯实。然后用石灰浆水涂刷床架和墙壁,通风干燥。

培养料进房前进行两次消毒处理。第一次用 0.5% 敌敌畏喷床架和墙壁(每平方米用 0.23 千克),紧闭门窗 24 小时。第二次用甲醛(每平方米用 0.001 千克),拌于木屑和谷壳中,紧闭门窗闷 2 天,开门窗通风备用。

新辟菇房床架上的横档等建材不需用水和石灰水浸泡,地面土也不需铲除更换。其他措施均同老菇房。

### (三)塑料棚和菇畦灭菌杀虫

凡是采用大、中、小塑料棚内畦床栽培的,都要进行栽前灭菌杀虫处理。首先要做清扫,然后在塑料棚内采用薰蒸法消毒,具体方法同室内。菇畦灭菌杀虫方法看具体情况,如果棚内多蜗牛、蛞蝓危害可采用 1% 茶籽饼浸泡水溶液喷洒;如果多为害螨类、杂菌等危害,用 17 波美度氨水喷洒土壤,覆盖薄膜闷 2 天;在畦面上撒 1 层石灰粉,可抑制霉菌生长。

### (四)培养料处理

培养料处理要抓住选、晒、灭三个字。首选无公害、无霉烂新鲜的原材料;栽培前将原材料在阳光下暴晒几天,每天翻动几次;木腐菌类多以木屑、玉米芯、棉籽壳为主料,配料和装袋后,进行高压或常压灭菌处理。草腐菌类多以稻、麦草为主料,均采用二次发酵杀虫灭菌。

### (五)覆土材料处理

根据土壤被重金属污染的规律,一般工业大城市、矿区等是污染源,从污染源向外呈圆弧形平面分布。越是靠近污染源污染就越严重;污染的垂直分布,越近地表面越严重。这是污染的两个特点,因此取用覆土材料要远离城市。挖取深层土,即 15 厘米以下的生土,经粉碎后加 10%～15% 砻糠拌和备用。或使用肥沃菜园土或人工发酵土。菜园土含杂菌较多,必须经杀虫灭菌处理。方法是使用 17 波美度的氨水液喷于覆土材料上,马上覆盖薄膜,紧闷 2 天备用。

### (六)使用水的处理

栽培中要求使用井水、流动河水、自来水等水源,因为这类水源不含有害重金属和竞争性杂菌。如果有的地方河水被有害金属严重污染,可采用对有害重金属有强吸附力材料处理用水,如花生壳经粉碎,处理用水,可吸附大量的镉、铅等。

# 二十六、食用菌病虫害安全防治法

### (一)药剂防治法

见表 43。

## 表 43　药剂名称、防治对象和使用方法

| 药　名 | 防治对象 | 使用方法 |
|---|---|---|
| 石　灰 | 霉菌 | 5%～20%石灰水浸、喷洒和撒粉剂 |
| 来苏儿 | 细菌、真菌 | 1%～2%溶液用于手、器械消毒;3%～4%溶液用于喷雾 |
| 石炭酸 | 细菌、真菌昆虫、虫卵 | 3%～4%溶液喷雾 |
| 新洁尔灭 | 细菌、真菌 | 0.1%溶液用于皮肤、玻璃器皿表面消毒 |
| 酒　精 | 细菌、真菌 | 75%酒精液用于皮肤、器械和食用菌子实体表面消毒 |
| 漂白粉 | 细菌、线虫 | 3%～4%溶液浸泡材料,0.5%～1%溶液喷雾 |
| 氨　水 | 害虫、螨类、杂菌 | 17波美度液熏蒸菇房,或加50倍水拌料和覆土材料,覆膜闷1～2天杀菌杀虫 |
| 高锰酸钾 | 细菌、真菌、害虫 | 0.1%溶液洗涤消毒;熏蒸消毒 |
| 除虫菊 | 菇蝇、菇蚊、蝇蛆 | 见商品说明书 |
| 食　盐 | 蜗牛、蛞蝓 | 5%水溶液喷洒 |
| 茶籽饼 | 蜗牛、蛞蝓等 | 1%水溶液喷洒 |

## (二)药剂选择和使用原则

第一,食用菌病虫害防治应选用低毒、短时间内易挥发或毒性易降解的药剂,表43中就是这一类药剂。

第二,上述药剂虽然符合低毒的要求,但在使用时不可在各种菇生长发育期使用,只能用于环境和培养料的消毒灭菌处理。

第三,严禁在菇采收前向菇体上直接喷洒药剂,保证产品无农药残毒。

# 第七章　食用菌产后技术

食用菌的产后技术就是粗加工和保鲜技术。粗加工就是初级加工，如食用菌的干制和腌制等技术；保鲜技术就是低温保鲜、气温保鲜、辐射保鲜和负离子保鲜等技术。以防止食用菌发生萎缩、褐变、流汁、失水、产生异味等质变现象。延长食用菌保质期和市场上货架时间。

## 一、食用菌粗加工

### (一)日晒法

在晴天将鲜菇摊放在竹席或竹帘上，厚薄均匀，不重叠。菌盖向上，菇柄向下。晒至半干时，上下翻动几次。经 3～5 天便可晒干。

### (二)烘烤法

该法采用的设备有烘箱、烘房、热烘机等类设备。以下仅介绍烘箱干制法和热风机干制法。

1. 烘箱干制法

(1)烘箱的结构　烘箱外壳用纤维板做成，形似立方体，高为 130 厘米、宽 80 厘米、长 70 厘米，顶部锥形，其上开 1 个 12 厘米直径洞口，于洞口处做 1 个风门调节板，套 1 个 100 厘米高的铁皮排气筒，箱内相对的两侧钉 2 厘米宽的搁条，用以搁置烘筛，筛距 15 厘米左右。配上 1 个 800 瓦的电炉作为热源。

(2)烘烤　烘烤时将鲜菇类、耳类摊放在烘筛上,菇盖朝上,菇柄朝下,耳类摊放均匀,菇、耳都要求不重叠。再将烘筛一层一层放入烘箱,放进电炉,接通电源。炭火为热源的,先将炭盆生旺,然后在炭火上盖一层灰烬,以防产生火舌或烟雾,才可将炭火盆放进烘箱底部,关上烘箱门,开始烘烤。这种方法适用于栽培量少的农户。

**2. 烘干机干制法**

(1)烘干机的类型　有三种:第一种,大小为 261 厘米×255 厘米×218 厘米烘干机,燃料用煤或柴,每炉可供烤鲜菇、耳约 200 千克。第二种为旋转热烘炉,圆罐直径高为 170 厘米×178 厘米和 134 厘米×140 厘米,燃料用煤油,其特点是热效率高,烘筛能转动,并配有自动控温装置。每批烘烤鲜菇 300~400 千克,150~200 千克。第三种为脱水机,大小为 100 厘米×160 厘米×180 厘米。电热器最大使用功率 18 千瓦,配有控温装置。每批可烘烤鲜菇 120 千克。

(2)烘烤实例　即掌握温度从低到高,再从高到低的要求。以香菇为例,第一个阶段,历时 2~3 小时,温度控制在 34℃~36℃,打开通风口,最后升至 42℃;第二阶段,历时 5~6 小时,温度由 42℃升到 50℃,逐步开大通风口;第三阶段,历时 2~4 小时,逐步关小上下通风口,温度由 50℃升到 60℃;第四阶段,需 4~5 小时,全关闭上下通风口,让温度由 60℃降至 40℃。

烘烤全程历时 13~18 小时。香菇达到的干燥指标是:指甲掐压菇盖有坚硬感,翻动时有哗哗响声,闻则香味扑鼻,看菌褶颜色淡黄、直立不断裂。保藏时注意防吸潮措施。

# 二、食用菌的腌制

菇类的腌制品是一种半成品，商家买去后的后续技术是脱盐制罐或食用。

## （一）盐水蘑菇腌制

### 1. 选菇分级

按照商业标准，选用菇盖 1.5～5 厘米，菇体无开伞、无泥根、无损伤，根切得平整、菇色洁白、无锈斑的蘑菇。菇按大小分为四级：一级，菇形圆整，直径在 2 厘米以下；二级，菇形圆整，直径在 2.5 厘米左右；三级，菇形欠圆整，直径在 3.5 厘米左右；四级，菇形不圆整，直径在 3.5 厘米以上。

### 2. 漂洗护色

先配成含 0.03％柠檬酸和 0.02％焦亚硫酸钠浓度的漂洗水液，分装四个缸，再将不同级别的菇分别放入漂洗缸漂洗，除杂后，把蘑菇捞出放入护色液中（内含 0.05％浓度的焦亚硫酸钠，或 0.05 摩/升浓度的柠檬酸溶液），护色 10 分钟。然后取出蘑菇放入清水中漂洗 3 次以上，至二氧化硫残留量不得超过 0.05％的含量。

### 3. 煮熟透心

用铝锅或不锈钢锅盛 10％盐水或 0.1％柠檬酸水溶液，烧至 100℃，放入护色后的蘑菇，煮沸 8 分钟左右，至熟透心为止，将煮熟了的菇捞出，沥去余水，立即放进冷水缸中冷却，要求冷水从缸底进入，温热水由缸口流出，菇冷至室温为止。

**4. 两步腌制法**

先将 15％～16％浓度盐水溶液煮沸,八层纱布过滤和冷却。捞取冷却菇,沥去余水,投入盐水液中,最好温度在 18℃下,初腌 3～4 天后,捞出菇,放进 23％的盐水液中再腌,并每天测定腌液的浓度,若含盐量低于 20％时,应加入饱和盐液或食盐,使腌液的浓度稳定在 20％左右。

**5. 塑料桶包装**

先配制好 20％盐水,并用 0.2％柠檬酸调节 pH 值至 3.5以下;再将腌制好的蘑菇分装于塑料桶中,注入新配制的20％盐水,液面撒盖一层精盐,最后加盖封面。

**(二)盐水草菇腌制**

**1. 选　菇**

草菇呈鼠灰色,卵圆形,宽 2～4 厘米,要求五无(无损伤、无虫蛀、无霉烂、无破碎、无异味)、四不(不开伞、不破顶、不伸腰、不带泥沙)、菇柄切面平整。

**2. 漂　洗**

将草菇倒入清水缸内,漂洗除掉菇上的泥杂。来不及预煮可先将菇放进密度为 1.07～1.12(10～15 波美度)的盐水中浸洗,以防草菇伸腰、破顶。

**3. 预　煮**

按菇水比为 1∶2,先将水倒入锅中煮沸,再将漂洗过的草菇倒入锅中,盖上锅盖,当水再次煮开后轻轻翻动,预煮 15分钟左右。取菇用刀剖开,观察菇心若呈玉色半透明状,即为煮熟。

**4. 冷　却**

将煮熟的草菇倒入流动的清水池或缸中冷却,冷水从下进入,温热水由上流出,待菇冷却到与进水温一致为止。

**5. 腌　制**

捞起冷却的草菇,沥去余水,然后倒入盐液中(密度为1.16以上,相当20波美度)菇和盐液比为1:1.5,浸8小时左右,第一次翻缸,即将草菇捞出倒入新配制的20波美度盐液中,12小时后第二次翻缸。如此类推,全程共4次翻缸。

**6. 分　级**

按出口标准,草菇分为正品菇和副品菇两种规格。在正品中又分为L级、M级、S级等3种规格。

**7. 装　桶**

装桶前,需将草菇倒入网眼塑料筐中,以盐卤液滴断为准。装桶时,盐渍50千克草菇需在桶内放入3千克20波美度盐液,使菇浮于盐卤中,不致压瘪。

**8. 加　卤**

盐渍草菇桶内加满20波美度盐液,保持10天后,待盐水渗入菇内,再补加盐液1次,以防菇体暴露于空气中,引起菇色变、腐烂。


**(三)盐水滑菇腌制**

**1. 选　菇**

滑菇分三级。1级,菇盖直径1.6厘米,柄长3厘米以下,本色,不开伞,鲜嫩完整,老化根切净,无病虫,无杂质;2级,菇盖直径1.7~2.2厘米,柄长4厘米以下,半开伞率在20%以内,其他同1级;3级,菇盖直径2.8~4厘米,柄长5厘米以下,半开伞率在40%以内。其他同1级。

**2. 漂　洗**

采收的菇经切根分级处理,放入清水或10%盐水中漂洗干净,沥去多余的水。

**3. 煮　制**

沥干余水的滑菇,倒入 100℃ 的 15％ 盐水(盐水量与菇量之比为 100∶40)中煮 2 分钟左右,使菇熟而不烂。立即捞出滑菇,放进流水中冷却。

**4. 腌　制**

(1)一次腌制法　在洁净的陶瓷或搪瓷缸中,按菇盐用量比 100∶70 计算,撒一层盐垫底,其上放一层菇,依次一层盐一层菇地排放,最上层覆 2 厘米厚的盐封面,上加重物压紧,再注入饱和盐水,淹没菇体,以免菇体露出液面,发生色变和腐败变质。

(2)二次腌制法　全过程分二次腌渍,每次菇盐用量比均为 100∶40。在洁净的陶瓷缸内先撒一层盐,其上铺一层菇,依次排放,腌 8 天后倒缸。第二次盐渍,仍照一层盐一层菇排放腌渍。第二次腌渍好后,向缸内注入饱和盐水,使淹没菇体,往后每天测一次盐浓度,若盐水密度低于 1.18(22 波美度)时应添加食盐,一般腌渍 21 天左右即可。腌渍后菇呈棕褐色、红褐色或黄褐色。质嫩有韧性,无腐败变质。

**5. 包　装**

腌渍好后,捞出菇体,沥去盐水后,即可装进专用桶内,随即注入 pH 值为 3.5～4 的饱和盐液(柠檬酸 100 克,偏磷酸钠 100 克,明矾 400 克,用饱和盐水配成),最后密封桶盖。

# 三、食用菌保鲜技术

食用菌的保鲜,就是为了防止色变、质变、味变和形变,延长贮存时间。通常采用物理或化学的方法,降低鲜菇新陈代谢速度和强度,又不影响正常新陈代谢,达到保鲜之目的。

## (一)低温保鲜

不同种类的食用菌,低温保鲜的温度要求不一样,如蘑菇、香菇等中低温型的菇类,低温保鲜温度为 0℃～5℃;高温型菇类,如草菇适宜贮藏温度为 10℃～15℃。

低温保鲜分为四步。

### 1.气循环

降低菇体的含水量至一定程度。

### 2.预冷

某种菇在进入冷库前,先散尽菇体中的热量,再逐步降低温度,使达到贮藏温度的要求。

### 3.库藏

某菇类入库后,要求温度恒定,湿度依菇类而定,如蘑菇保鲜适宜空气相对湿度为 95% 左右,低于 90% 的菇易开,褐变。香菇保鲜适宜空气相对湿度为 80%～90%,湿度过低,菇失水过多,会导致菇体收缩。湿度过高,引起菇体腐烂,变色。两种极端,都影响保鲜效果。

### 4.通风换气

冷藏库内的鲜菇,仍在进行微弱的新陈代谢,释放的废气积累到一定浓度,就会使菇生理失调,品质变坏。因此,要求冷库内的空气湿度要均匀一致,所以要定时通风换气。

## (二)速冻保鲜

### 1.汤煮

在沸水中加入 0.3% 柠檬酸将鲜菇迅速煮沸 1.5～2.5分钟,一般 100 升沸水 1 次煮菇 15 千克。要求菇熟而不烂,具弹性,有光泽。

## 2. 速　冻

汤煮的鲜菇要迅速冷却,防止菇体软化和失去弹性。最好先用 10℃～20℃ 水冲淋,接着在 3℃～5℃ 流动水中继续降温,要求在 15～20 分钟后温度降至 -10℃,30～40 分钟内由常温降至 -30℃。一般双孢蘑菇在 -30℃～-40℃ 速冻保藏。

### (三)气调保鲜

调节空气组分和比例,抑制菇体的呼吸强度,达到保鲜的目的。如蘑菇要求混合气体的比例为含氧不超过 0.1%,二氧化碳不少于 25%。

## 1. 蘑菇气调保鲜

目前常采用具透气性的塑料袋包装,袋内保持 1% 氧气浓度,二氧化碳占气体的 10%～15%,可使蘑菇保鲜 4 天。

## 2. 香菇气调保鲜

第一种方法是用多孔(透气孔径 4～5 毫米)聚乙烯或聚丙烯塑料袋包装,在 10℃ 下,可保存 8 天。第二种方法使用厚度 0.03～0.08 毫米的聚乙烯塑料袋或保鲜纸包装,在 1℃ 下可保鲜 20 天左右。

## 3. 草菇气调保鲜

采用打孔的纸塑复合袋包装,进行自发气调,在 15℃～20℃ 下可保鲜 72 小时。

### (四)负离子保鲜

负离子能净化空气,抑制菇体组织的生化活性。其产生的臭氧,遇到机体便分解,无残毒,操作简便,成本低。是一种有前途的方法。如将鲜平菇不经洗涤，封藏在 0.06 毫米聚乙烯薄膜袋中，在 15℃～18℃下，每天用 $1×10^5$ 个/立方厘米的负离子处理 1～2 次，每次 20～30 分钟，有明显的保鲜效果。

### (五)辐射保鲜

利用物理学中穿透力强的射线处理鲜菇，破坏酶活性，杀死有害微生物，抑制并延缓菇体内生理生化过程，减少乙烯生成，降低开伞率、达到保鲜目的。

将鲜菇放于射线中辐照，如果剂量为 100～150 戈(1 万～1.5 万德拉)，可使蘑菇保鲜 2 天；若用 12.9～25.8 库/千克(5 万～10 万伦琴)的剂量辐照蘑菇，在 2℃～5℃、空气相对湿度 85％条件下，可保鲜 4～6 天，开伞率低于 6％。

# 附  新菌种生物学特性介绍

新菌种生物学特性介绍见表44。

表44  新菌种生物学特性

| 菌种名称 | 菌丝生长温度<br>（℃） | 出菇温度<br>（℃） | 出菇需光照度<br>（勒） | 培养料的<br>pH 值 | 较多需氧期 |
|---|---|---|---|---|---|
| 杏鲍菇 | 25 | 16～18 | 100～500 | 6.05～7.05 | 菇生长期 |
| 秀珍菇 | 10～35 | 20～22 | 微光短期 | 5.8～6.2 | 菇生长期 |
| 鸡松茸 | 23～27 | 20～26 | 需散射光 | 6.0～6.8 | 菇生长期 |
| 大肥菇 | 27～31 | 20～26 | 200～500 | 6.5～6.8 | 菇生长期 |
| 灰树花 | 20～25 | 19～22 | 50,200～500 | 4.4～4.9 | 菇生长期 |
| 阿魏菇 | 24～26 | 15～20 | 200～1500 | 5～6.5 | 菇生长期 |
| 鸡腿菇 | 22～28 | 12～18 | 500～1000 | 7.0 | 菇生长期 |
| 金 耳 | 20～25 | 12～18 | 100～800 |  | 菇生长期 |

（作者综合表）

上表为近十年来推广的新品种，除大肥菇、鸡腿菇有周年生产报道外，其他新品种未见报道。根据菇生长发育所需的温度，可将其划分为高温型，如秀珍菇、鸡松茸、大肥菇等，适栽季节为春末至夏初和夏末秋初；中温型有杏鲍菇、阿魏菇、鸡腿菇、金耳等，适合春秋季节栽培。按照这个特点，进行多菇种配茬周年栽培。

# 主要参考文献

1　周伟坚．代料香菇周年栽培初探．浙江食用菌,1991

2　黄年来．香菇周年栽培品种之选育．浙江食用菌,1992

3　李育岳,王谦．食用菌周年生产制种技术的新组合．江苏食用菌,1992

4　李进生．地沟四季栽培平菇技术．江苏食用菌,1992

5　占朝新．闽北气候条件下周年袋栽毛木耳初探．食用菌,1992

6　陈国醒．台湾金针菇周年栽培技术．中国食用菌,1992

7　香永田,季明．地热温室草菇周年栽培试验．食用菌,1993

8　闵绍桓,戴汝南．低海拔地区连作香菇四季出菇栽培技术．江苏食用菌,1993

9　吴学谦．香菇、竹荪组合周年性栽培技术．江苏食用菌,1993

10　陈德明．食用菌多品种搭配周年生产研究．中国食用菌,1993

11　卢木庚,潘湖生．菇耳周年6茬栽培试验初报．食用菌,1993

12　高树生,陈文新．高温平菇周年生产的栽培管理技术．江苏食用菌,1992

13　李传曾,徐天宇．庭院食用菌周年栽培．食用菌,

1993

14 王桂富．育秧温室周年栽培食用菌技术．食用菌，
1993

15 闵绍桓，商月德．低海拔地区香菇周年出菇设施栽
培研究．浙江食用菌，1993

16 阮时珍，李月桂．代料香菇周年栽培技术研究．江
苏食用菌，1994

17 宋观建．香菇周年袋栽的几个问题．浙江食用菌，
1994

18 张耀宏译．周年栽培食用菌的菌种和菌种保藏问
题．国外食用菌，1992

19 陈启武．利用自然气温周年生产和经营食用菌的探
讨．湖北农业科学，1985

20 杨新美．中国食用菌栽培学．中国农业出版社，
1988

21 黄毅．食用菌生产理论与实践．厦门大学出版社，
1992

22 黄年来．自修食用菌学．南京大学出版社，1987

23 P. J. C. VEDER. 现代蘑菇栽培．轻工业出版社，
1984

24 侯光良，李继由等．中国农业气候资源．中国人民
大学出版社，1993

25 陈德明等．食用菌生产技术手册．上海科学技术出
版社，2001